摄影师的后期必修课

极简画意篇

张之铭 —— 著

人民邮电出版社
北京

图书在版编目（CIP）数据

摄影师的后期必修课. 极简画意篇 / 张之铭著. --
北京 : 人民邮电出版社, 2024.7
ISBN 978-7-115-64264-6

Ⅰ. ①摄… Ⅱ. ①张… Ⅲ. ①图像处理软件—教材
Ⅳ. ①TP391.413

中国国家版本馆CIP数据核字(2024)第084009号

内 容 提 要

想要修出好照片，精通数码摄影后期处理技术是必不可少的。本书系统全面地介绍了在摄影创作中打造极简画意效果的实用技法，旨在帮助读者提升照片后期修饰技巧，打造出独特且富有表现力的影像作品。

本书主要内容包括万能的曲线、风景黑白影调的秘境调法、影调及作品灵魂、电影影调质感教程、如何使画面影调变得更为纯净、利用影调变化突出主题渲染意境、用特殊滤镜营造柔美写意灰调、如何使用亮度蒙版精准调整照片影调、摄影作品画面影调与色调的情感表达、快速营造特殊光影、用倒影表达增强画面审美性、利用后期改变影调增强作品立体感、高调禅意之大美、极致风光作品影调明暗层次处理方法、摄影后期影调之软调调整等。

本书内容丰富，涵盖了大量实战修片案例及后期调修思路，无论是专业修图师，还是普通的摄影后期爱好者，都可以通过本书精进自己的照片后期润饰技法，掌握极简画意效果的全方位制作技巧，提升影像作品的质量。

◆ 著　　　　张之铭
　责任编辑　张　贞
　责任印制　周昇亮
◆ 人民邮电出版社出版发行　　北京市丰台区成寿寺路 11 号
　邮编　100164　　电子邮件　315@ptpress.com.cn
　网址　https://www.ptpress.com.cn
　北京九天鸿程印刷有限责任公司印刷
◆ 开本：690×970　1/16
　印张：14.75　　　　2024 年 7 月第 1 版
　字数：257 千字　　　2024 年 7 月北京第 1 次印刷

定价：79.80 元

读者服务热线：(010)81055296　印装质量热线：(010)81055316
反盗版热线：(010)81055315
广告经营许可证：京东市监广登字 20170147 号

序

“达盖尔摄影术”自1839年在法国科学院和艺术院正式宣布诞生后，其用摄影捕捉、定格瞬间的能力一直让我们着迷。某种程度上，摄影的核心是对摄影人内在感知的转化——围绕日常事物、自然环境、新闻等命题展开创作，对看得见的、看不见的，以及形而上的一种诠释。不同的作品也体现了摄影人个体性、差异性的价值观。

在数字时代，几乎每个人都拥有一部带有摄像头的智能手机。出于对外在的感知、思考和记录，不管创作和传播的技术如何发展，摄影的基本行为和摄影存在的基本理由似乎让我们所有人都成为了“摄影师”。

然而，就创作手段而言，简单地复刻外在场景难以达到深刻的情感共鸣。事实上，无论是纪实新闻，还是艺术题材，摄影从来都不是简单的“再现”。摄影创作，永远与艺术家的想象力、创造力、价值观密不可分！在摄影创作中，个体化的视觉经验和生活体验是摄影创作图式语言的渊源，而又因个体性的差异形成了摄影艺术形态的多样性，呈现出各尽其美的面貌。

摄影是一个用眼睛去看，用心去感受，通过快门与后期调整更直观地体现作者的内心，从而引发观者共情的创作过程。摄影创作更应该注重“感知的转化和感知的长度”，对更深程度的感觉、感知进行发掘。优秀的摄影作品不一定是描述宏大场景的壮阔与悲壮，但一定与每个人的平凡生活产生共鸣。这些作品源自作者对外在世界的感受和理解，然后通过摄影语言呈现给观者，从而让观者产生情感、记忆及内心视觉的共情，形成陌生而熟悉的体验。作者的感受和理解越深刻，作品的感染力就越强。归根结底，所谓摄影，即找到能触动自己的、自己最想要表达的情感世界，并通过画面传达给观者。

十余年历程，十余年如斯，大扬影像始终以不变的初心，探索摄影前沿趋势，重视和扶持摄影师的成长，认同美学与思想兼具的作品。春华秋实，大扬影像汇聚各位大扬人，以敏锐的洞察力及精湛的摄影技巧，为大家呈现出一套系统、全面的摄影系列图书，和各位读者一起去探讨摄影的更多可能性。摄影既简单，又不简单。如何用各自不同的表达方式，以独特的视角，在作品中呈现自己的思考和追问——如何创作和成长？如何深层次表达？怎样让客观有限的存在，超越时间和空间，链接到更高的价值维度？这是本系列图书所研究的内容。

系列图书讨论的主题十分广泛，包括数码摄影后期、短视频剪辑、电影与航拍视频制作，以及 Photoshop 等图像后期处理软件对艺术创作的影响，等等。与其说这是一套摄影教程，不如说这是一段段摄影历程的分享。在该系列图书中，摄影后期占了很大一部分，窃以为，数码摄影后期处理的思路比技术更重要，掌握完整的知识体系比学习零碎的技法更有效。这里不是各种技术的简单堆叠，而是一套摄影后期处理的知识体系。系列图书不仅深入浅出地介绍了常用的后期处理工具，还展示了当今摄影领域前沿的后期处理技术；不仅教授读者如何修图，还分享了为什么要这么处理，以及这些后期处理方法背后的美学原理。

期待系列图书能够从局部对当代中国摄影创作进行梳理和呈现，也希望通过多位摄影名师的经验分享和美学思考，向广大读者传递积极向上、有温度、有内涵、有力量的艺术食粮和生命体验。

杨勇
2024 年元月
福州上下杭

前言

岁月流转，风景变迁，我常常被那些深邃的色彩、细腻的纹理和动人的瞬间吸引。这些元素不仅赋予了照片生命，更激发了我对艺术摄影的追求。

在此刻，我想邀请您进入一个崭新的世界——一个充满诗意、韵律与想象力的世界，那便是我们共同构建的，由艺术摄影与现代科技交融而成的、具有独特视觉效果的篇章。在此，我将以一种全新的方式重新诠释这个世界。

在创作这本书的过程中，我深深地感受到了摄影的魅力。它不仅是一种记录世界的方式，更是一种表达自我、传递情感的途径。每一次快门按下的瞬间，都留下了一道永恒的痕迹，都在记录着对生活的热爱和对美的追求。每一次后期处理，都是对现实的一次再创造，是对美的再次发现。

我希望通过这本书，将这种创作的激情传递给每一位读者，让每一个人都能感受到自己在创作中的存在。本书中的作品不仅融入了极简画意的理念，还展现出了创作者独特的艺术风格。我试图在每一张图片中寻找一种平衡、一种宁静的美感。通过后期处理，我不只塑造图片的真实感，同时会增强影像的艺术表现力。我相信，这种平衡与宁静的美感正是摄影艺术的精髓所在。

同时，我也深感艺术摄影的无限可能。它不是对现实的简单复制，而是对现实的深度挖掘和再创造。它能够将平凡的瞬间转化为永恒的瞬间，将无声的画面转化为有情的画面。我希望通过这本书，将摄影艺术的这种魅力传递给每一位读者，让每一个人都能感受到艺术摄影的力量。

在此，我想向所有支持我、鼓励我、帮助我完成这本书的人表示衷心的感谢。感谢我的家人，他们一直是我最坚实的后盾；感谢我的同事和朋友，他们的支持和帮助让我在创作的道路上走得更远；感谢我的导师和同行，正是他们的建议和指导，让我在艺术创作上有了更高的提升。

现在，我们即将迈入一个全新的领域——极简画意。我希望这本书能够引导读者进入这个全新的领域，体验极简画意的魅力，感受摄影后期艺术的无限可能。

期待与您在书中相遇，一起创造更多美好的回忆！

张之铭

2024 年 5 月

目录

1

第1章

万能的曲线

本章讲解什么是万能的曲线，以及如何通过曲线调整图层使画面影调焕然一新。首先将照片在 Photoshop（简称 PS）的 Adobe Camera Raw（简称 ACR）中打开，如图 1-1 所示。

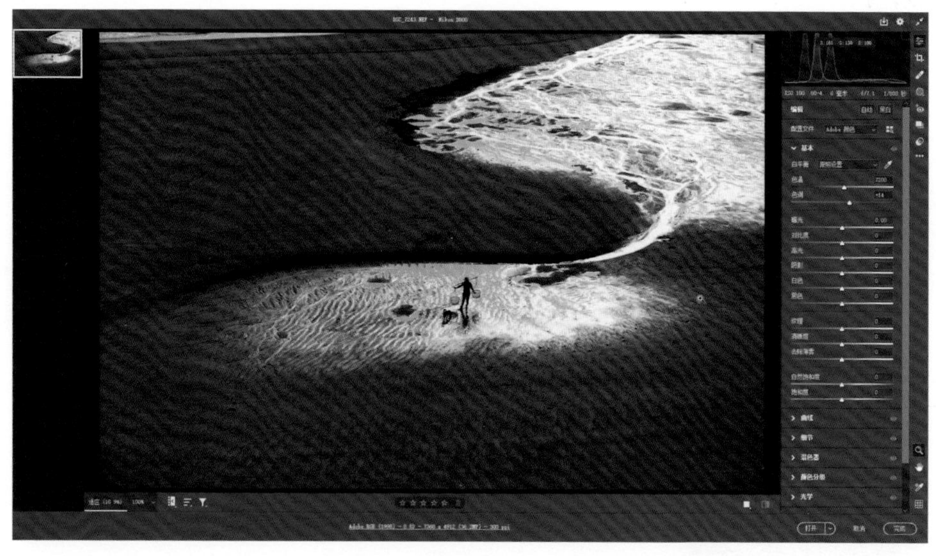

图 1-1

这张照片是在霞浦拍摄到的东壁景象，像这样的风光摄影很依赖天气状况。这张东壁照片中的场景特别适合用侧逆光来拍摄，可以表现出滩涂的纹理和质感，但是现在这张照片中的光线有一点散射，光线并不集中。想要调整好这张照片，需要使光线集中，从而使拍摄主体与周边环境形成比较大的亮度差，这在 ACR 里就可以实现。首先调整一下照片的显示比例，用鼠标右键单击照片任意地方，从弹出菜单中选择“放大到”—“12%”，如图 1-2 所示。

图 1-2

调整基本影调

接下来在“基本”面板中单击“自动”按钮，然后在此基础上调整各项参数，找回画面的部分细节。对色温进行调整，向左移动“色温”滑块来增加蓝色，然后增加“对比度”“去除薄雾”等参数的值，如图 1-3 所示。可以看到，这张照片的影调已经控制得差不多了，增加蓝色调是为了把暗部跟高光区域区分开，让色调有所差异，有利于后续选区的创建。

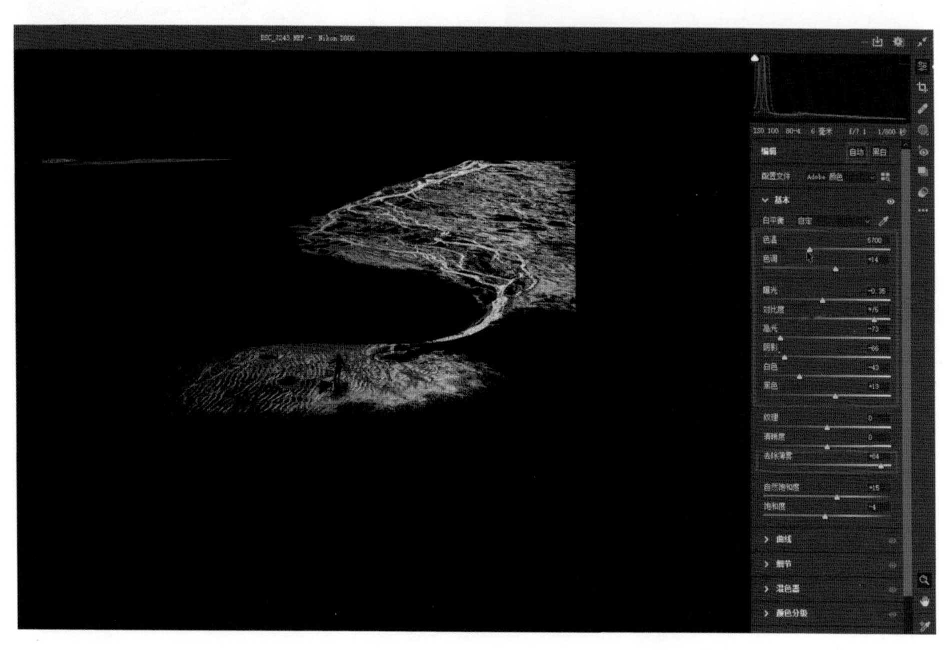

图 1-3

调整好色调以后就可以单击 ACR 界面右下角的“打开”按钮，如图 1-4 所示，进入 PS 操作界面。

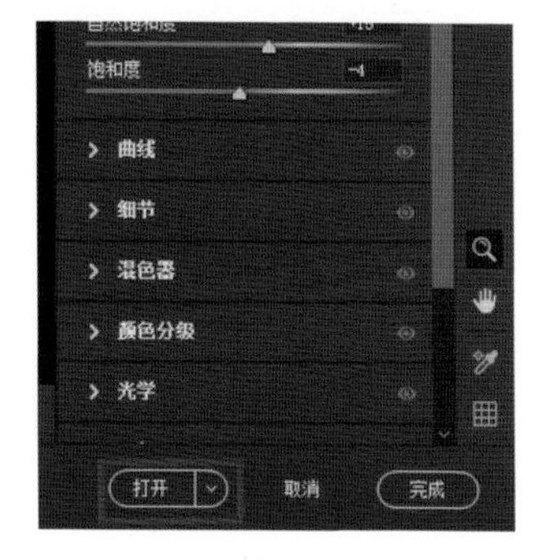

图 1-4

去掉滩涂多余的部分

在 PS 操作界面中，首先要去掉照片左上角滩涂不需要的部分，利用工具栏里的套索工具，按住鼠标左键拖动选取多余的滩涂区域，在选区内单击鼠标右键，从弹出菜单中选择“填充”，如图 1-5

所示，或者单击菜单栏的“编辑”，选择“填充”，如图 1-6 所示。

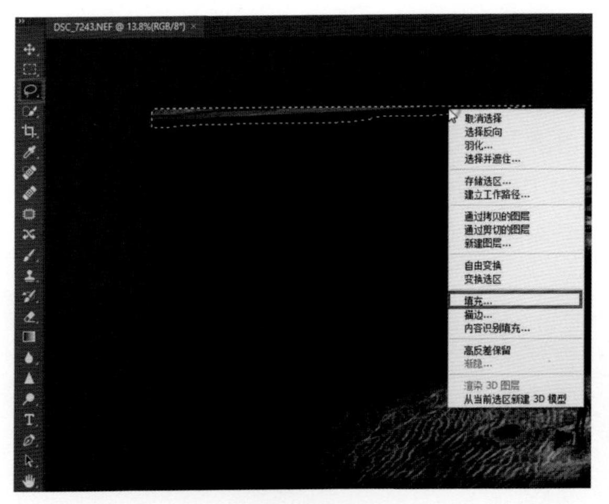

图 1-5

图 1-6

打开“填充”对话框后，内容选择“内容识别”，即利用周边的像素填补选区内的像素，具有识别的作用，然后单击“确定”按钮，如图 1-7 所示。

可以看到，这样就把多余的滩涂覆盖掉了，如图 1-8 所示。

图 1-7

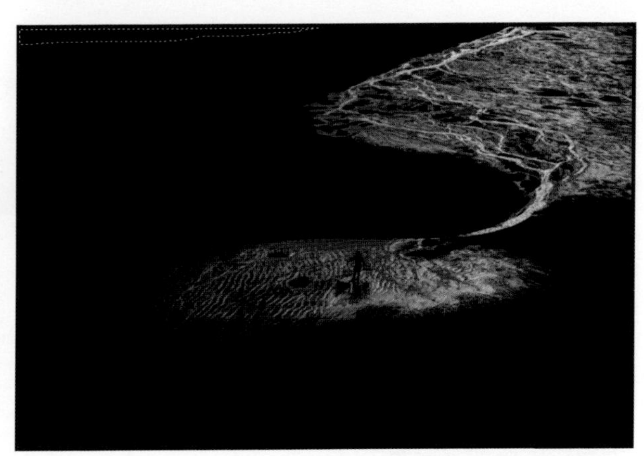

图 1-8

单击菜单栏中的“选择”，选择“取消选择”，如图 1-9 所示，就可以取消选区了，如图 1-10 所示。

图 1-9

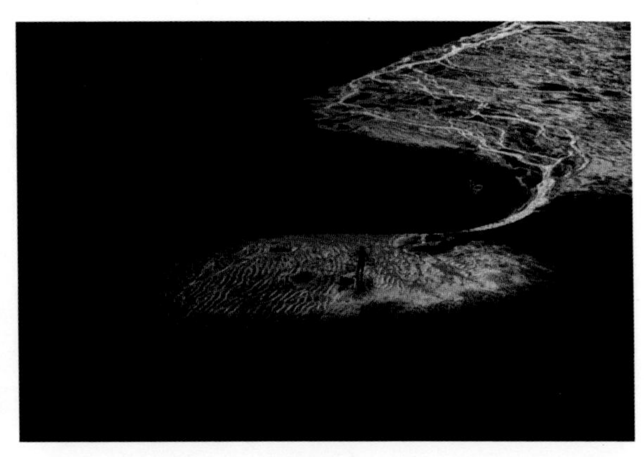

图 1-10

压暗暗部

接下来需要压暗暗部。切换到“通道”面板，单击通道前的眼睛图标，分别查看红、绿、蓝通道选区，进行对比后选出一个高光与暗部能够区分开的通道，如图 1-11 ～图 1-13 所示。

图 1-11

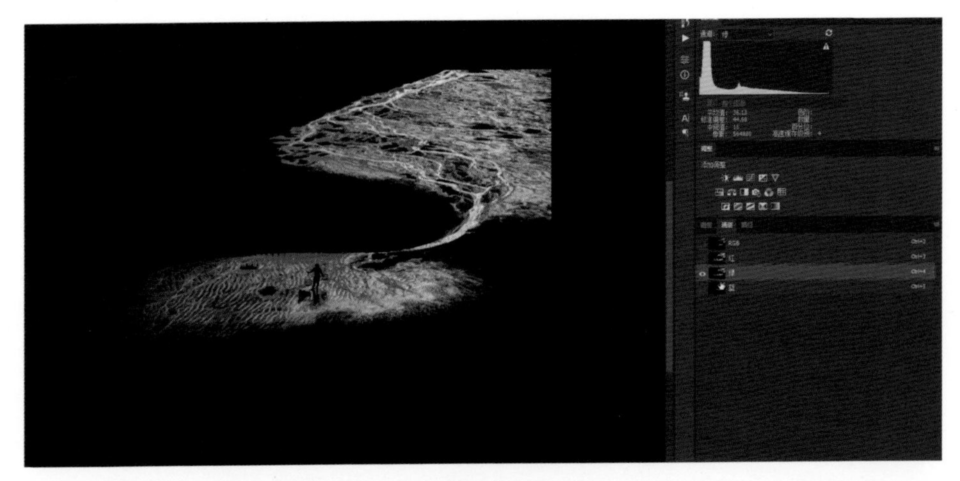

图 1-12

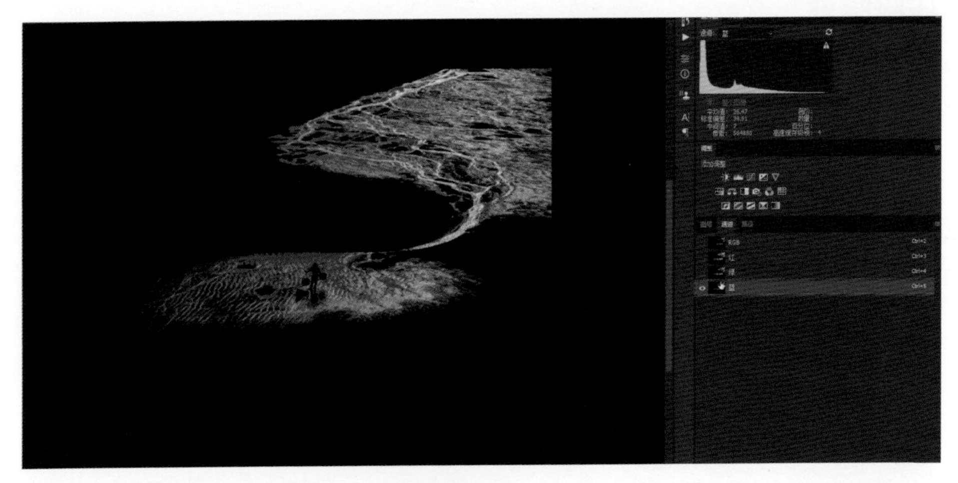

图 1-13

通过对比观察可以发现高光与暗部反差最大的是蓝通道选区，所以需要载入蓝通道。选中“蓝”通道并将其拖动至“载入通道”按钮上，如图 1-14 所示，即可得到蓝通道的高光选区，如图 1-15 所示。

点击“RGB”通道前的眼睛图标切换回“RGB”通道，如图 1-16 所示。切换到“图层”面板，在菜单栏中单击“选择”，选择“反选”，如图 1-17 所示。

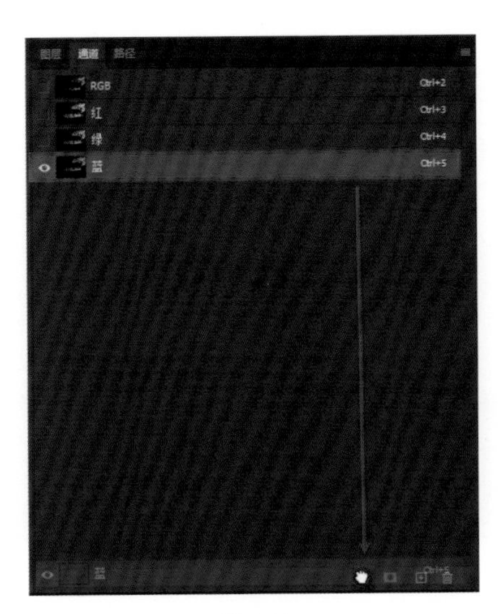

图 1-14

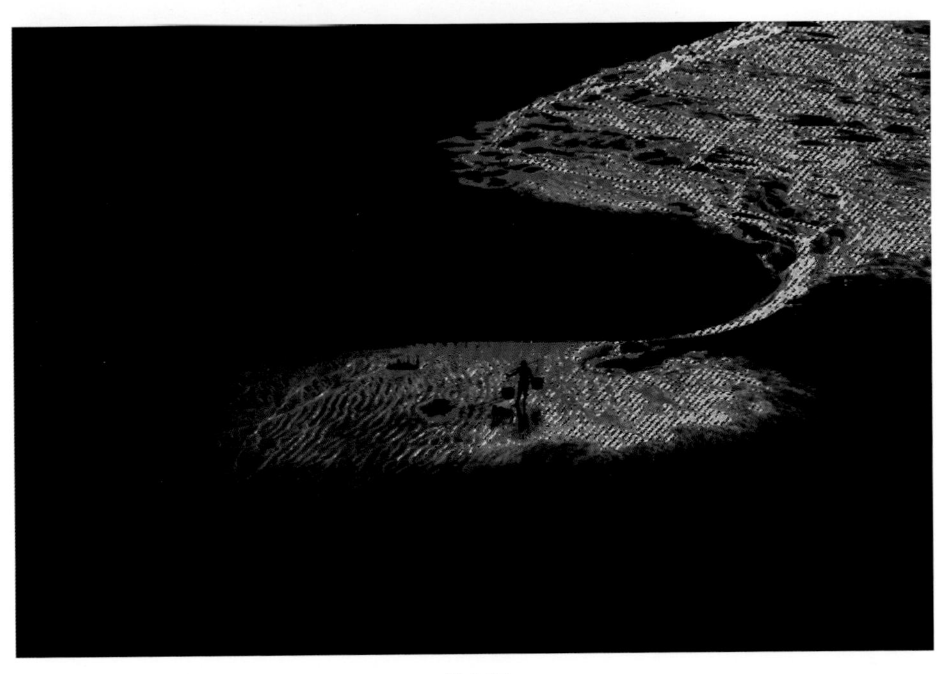

图 1-15

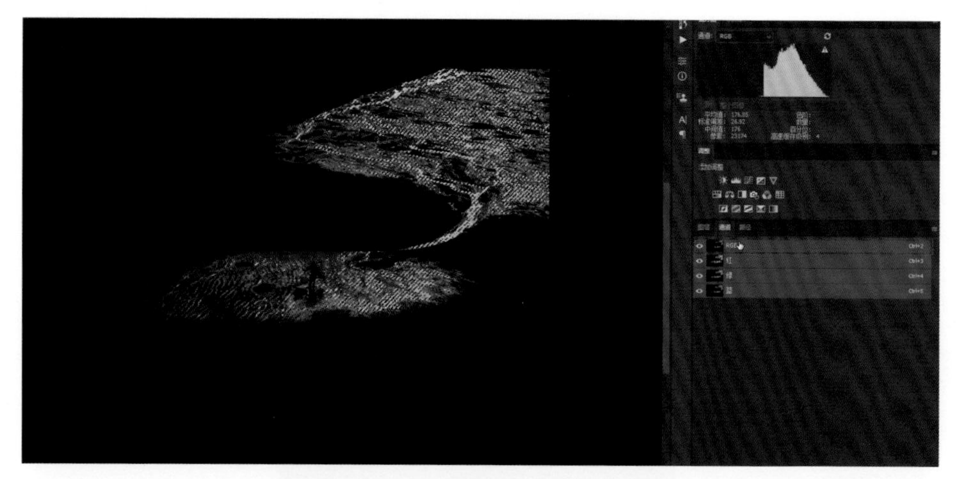

图 1-16

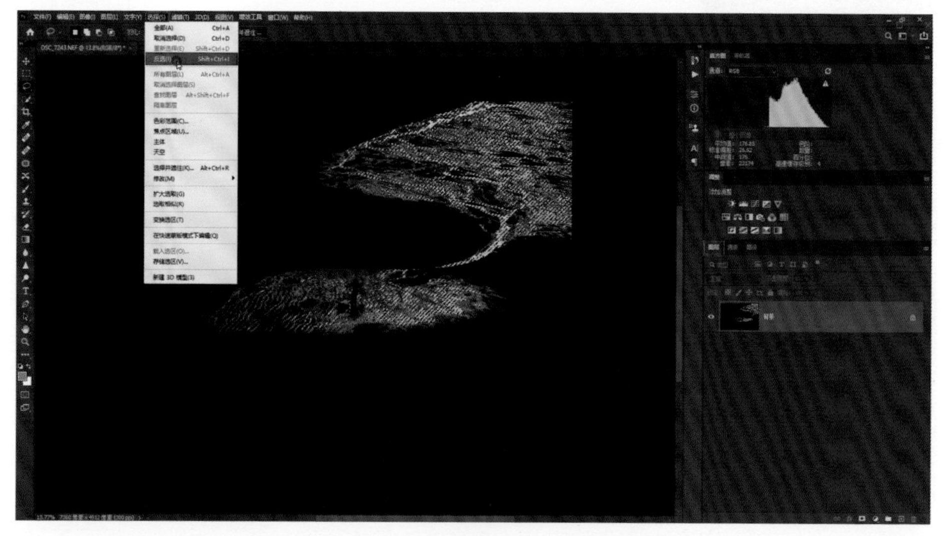

图 1-17

这样就选中了蓝通道高光区之外的部分，即暗部，如图 1-18 所示。

单击“创建新的调整图层”按钮，选择“曲线”，创建曲线调整图层，如图 1-19 所示。在曲线“属性”面板中，用鼠标向下拖动曲线上的控制点，对暗部进行压暗，如图 1-20 所示。

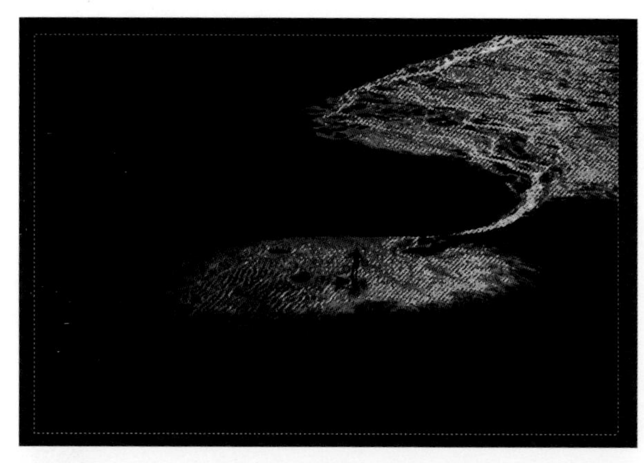

图 1-18

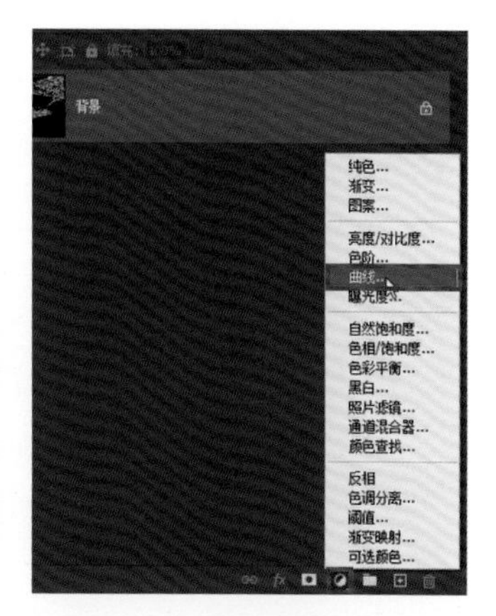

图 1-19

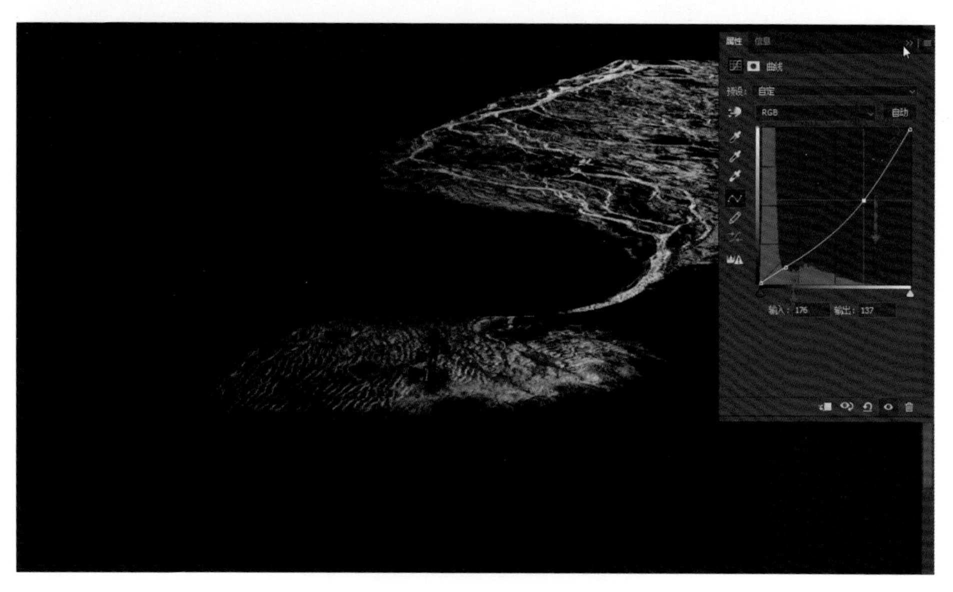

图 1-20

由于滩涂部分不需要压按，所以选择工具栏中画笔工具，将“不透明度”值调低一些，并选择前景色为黑色，涂抹滩涂边缘，使边缘的颜色稍微过渡一下，如图 1-21 所示，这样看起来更自然。

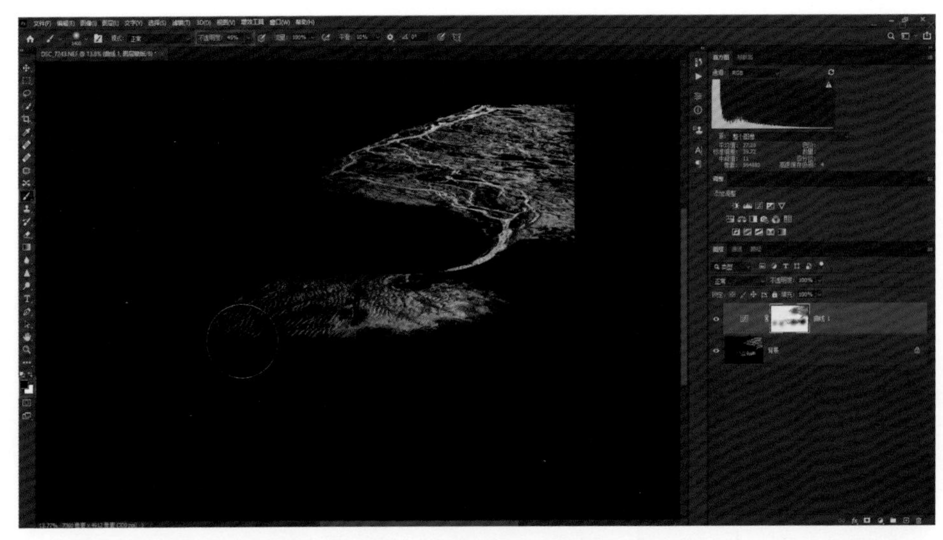

图 1-21

增加暖色调

现在暖色调还没有打造出来，调整暖色调需要载入高光选区。但是在这里不建议再载入蓝通道，因为蓝通道选区的反差过于明显，表露的细节过少，因而需要载入红通道。切换到“通道”面板，拖动“红”通道至“载入通道”按钮上即可，如图 1-22 所示。

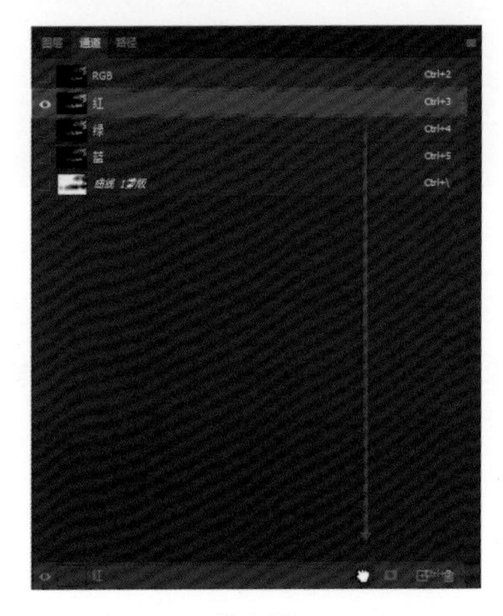

图 1-22

接下来再次创建曲线调整图层，将“蓝”通道的曲线下拉，“蓝”通道下拉就相当于增加它的互补色黄色，如图 1-23 所示。

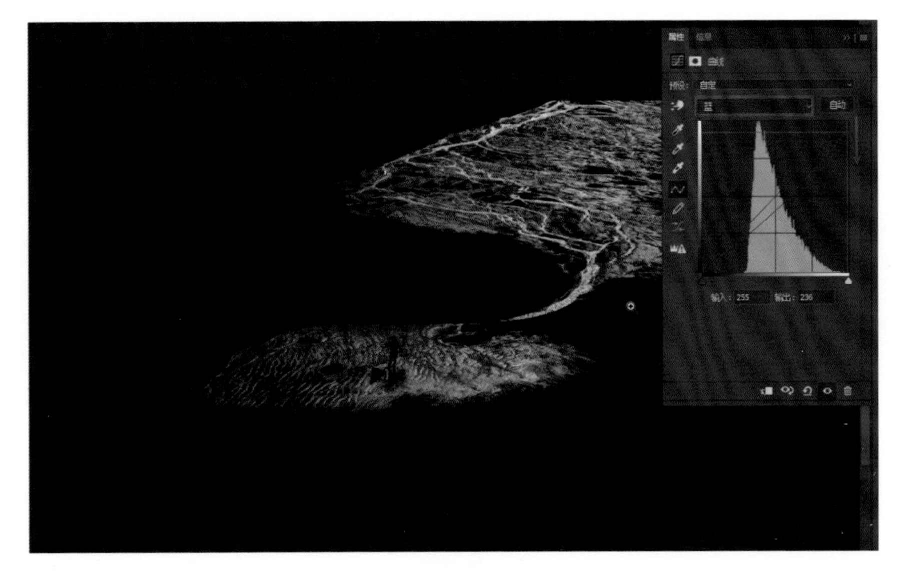

图 1-23

切换到“红”通道，将“红”通道的曲线往上提，如图 1-24 所示。往上提就是增加该颜色，而往下压就是增加该通道所代表颜色的互补色。

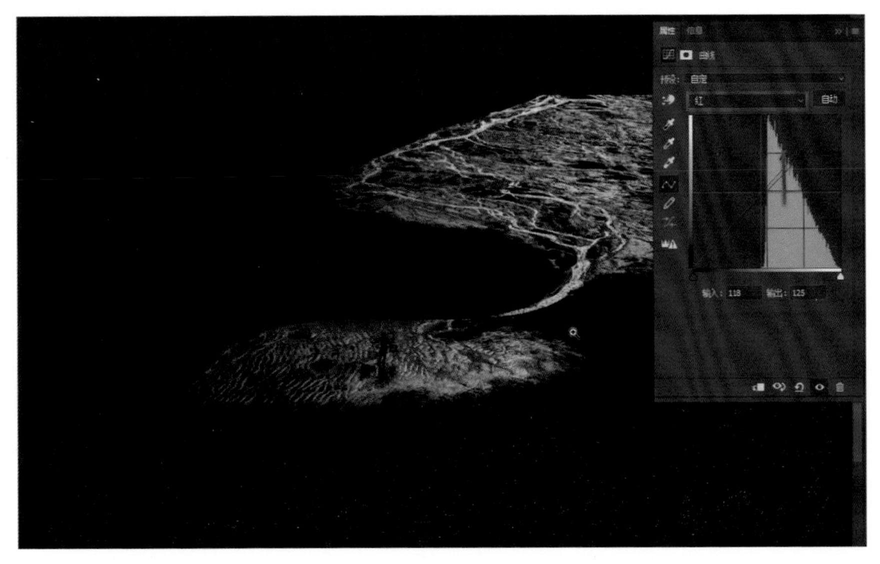

图 1-24

切换到“绿”通道，将绿色通道的曲线往下压就是增加它的互补色洋红。这里增加洋红是出于打造金碧辉煌效果的需要，如图 1-25 所示。

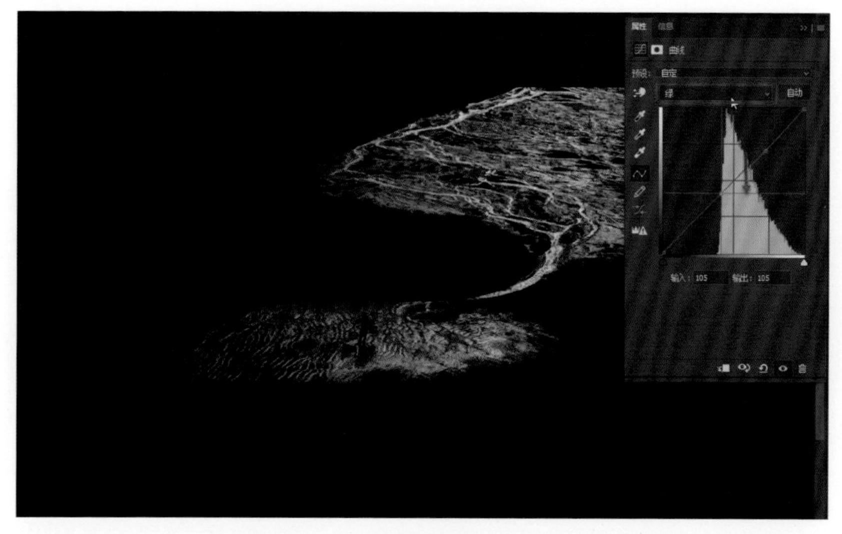

图 1-25

最后切换到“RGB”通道。完成色调调整之后一定要增加对比度，如果没有对比，这个色调画面会很不真实，尤以暖色最为明显，所以将 RGB 通道的曲线调整为 S 形，如图 1-26 所示。

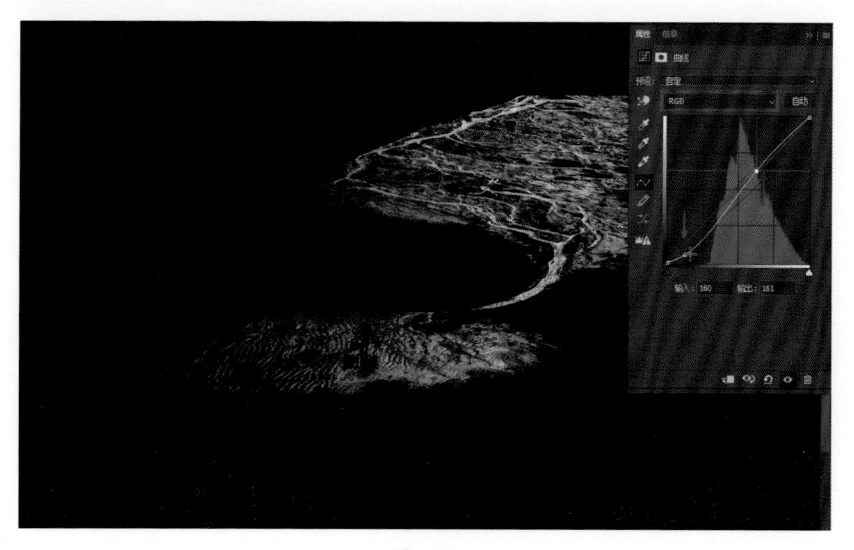

图 1-26

如果觉得现在画面还是不够金碧辉煌，可以通过键盘上的“Ctrl+J”组合键来复制“曲线 2”图层，即再叠加一层“曲线 2”图层的效果，还要将复制图层的“不透明度”和“填充”值均降低一点，如图 1-27 所示。

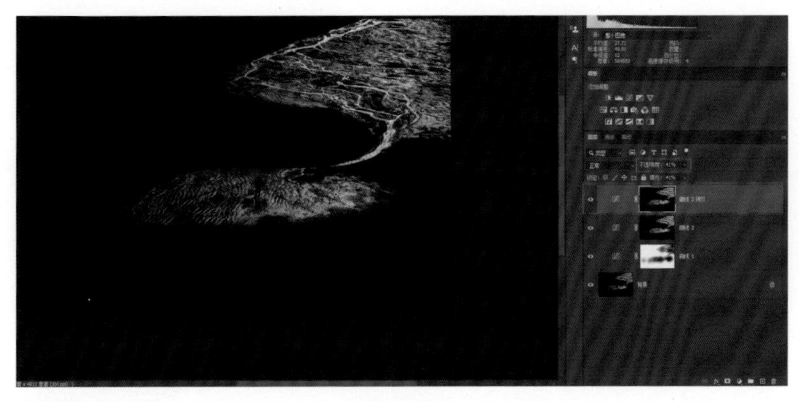

图 1-27

增加画面整体的对比度

再创建整体的曲线调整图层，为整个画面增加对比。但是对比不宜加得太多，所以将曲线调整为起伏较平缓的 S 形，如图 1-28 所示。

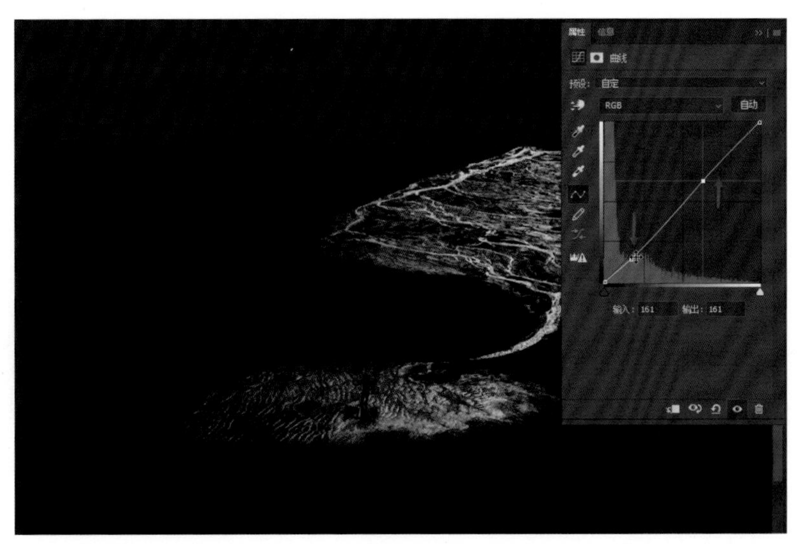

图 1-28

然后需要过渡暗部的边缘，这样整体才会自然。选择工具栏中的画笔工具，将前景色设为黑色，涂抹滩涂边缘，如图 1-29 所示。

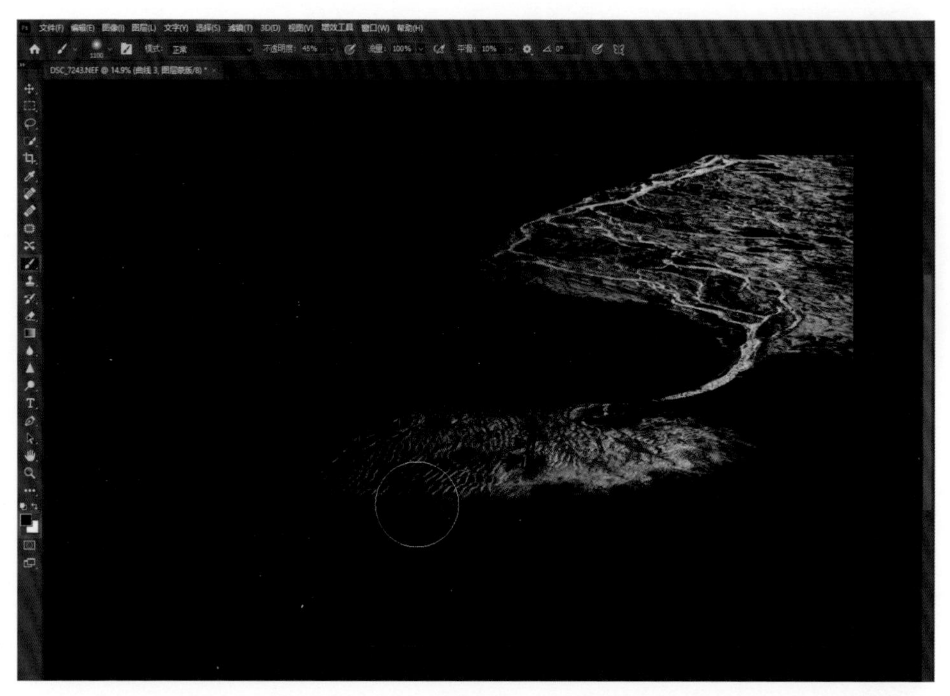

图 1-29

打造画面质感

在图层空白处单击鼠标右键，选择“拼合图像”，如图 1-30 所示，拼合图像是为了后续打造画面质感做准备。

图 1-30

图像拼合好后通过键盘上的“Ctrl+J”组合键复制图层，单击菜单栏中的“滤镜”，选择“其它”—“高反差保留”，如图 1-31 所示。

打开“高反差保留”对话框，设置“半径”为 1.0 像素，单击“确定”按钮，如图 1-32 所示。

图 1-31

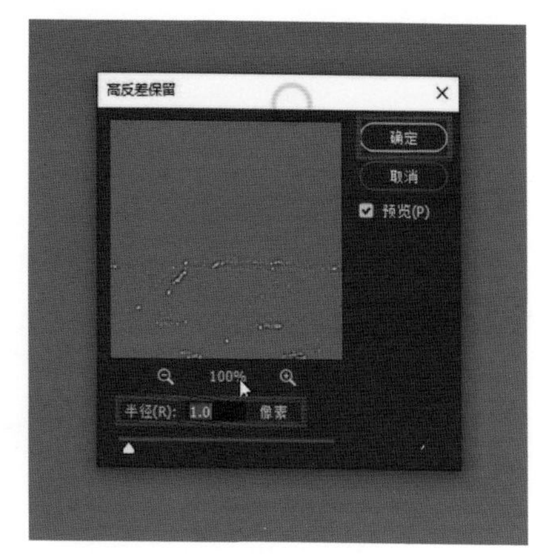

图 1-32

这时可以看到画面中已形成纹理效果，如图 1-33 所示。

图 1-33

然后在“图层”面板中将混合模式改为“叠加”，如图 1-34 所示。

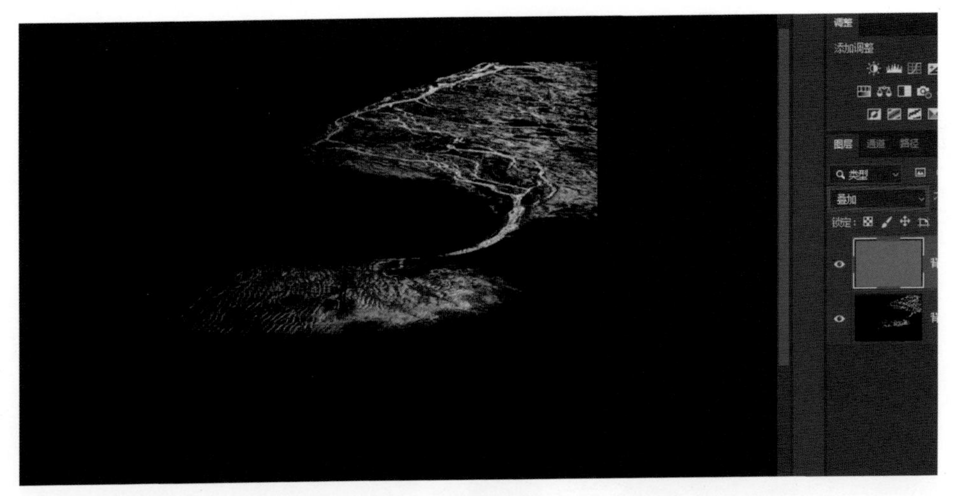

图 1-34

如果觉得纹理效果不够强，可以再复制一个高反差保留图层，如图 1-35 所示。

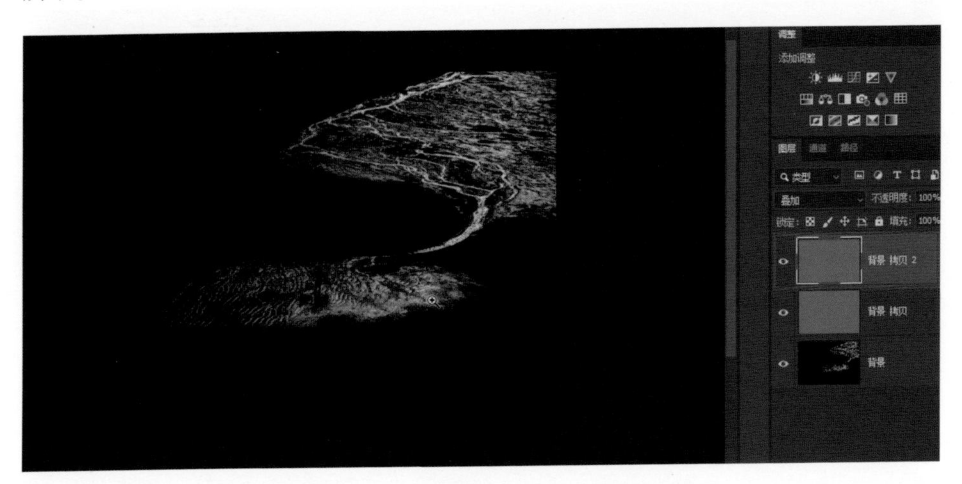

图 1-35

接下来进行拼合图像，并用污点修复工具去除画面中的污点，这样这张照片我们就处理完了，如图 1-36 所示。

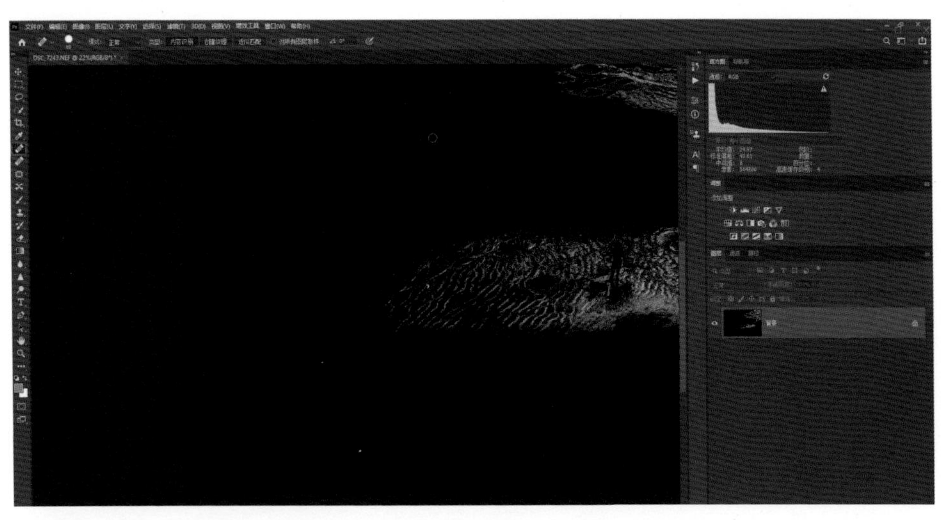

图 1-36

在菜单栏中单击“文件”，选择“存储为”，保存照片，如图 1-37 所示。

打开 Bridge 软件，Bridge 可以说是 Photoshop 的孪生兄弟。选中调整后的照片，在菜单栏中单击“编辑”，选择“开发设置”—“清除设置”，如图 1-38 所示。

图 1-37

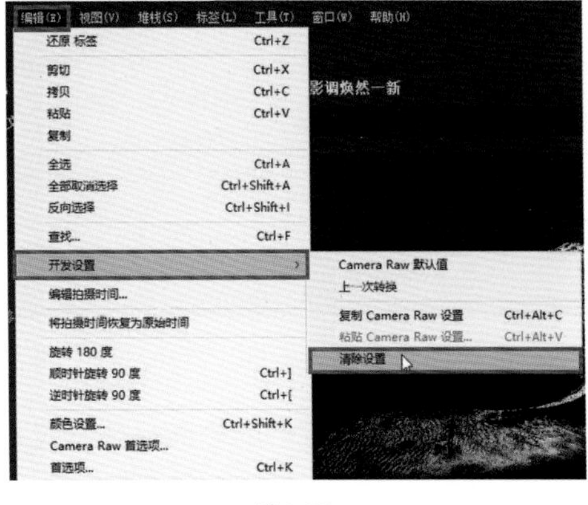

图 1-38

接着，单击菜单栏中的“视图”并选择“审阅模式”，如图 1-39 所示就可以看到这张照片调整前后的对比，如图 1-40 所示。

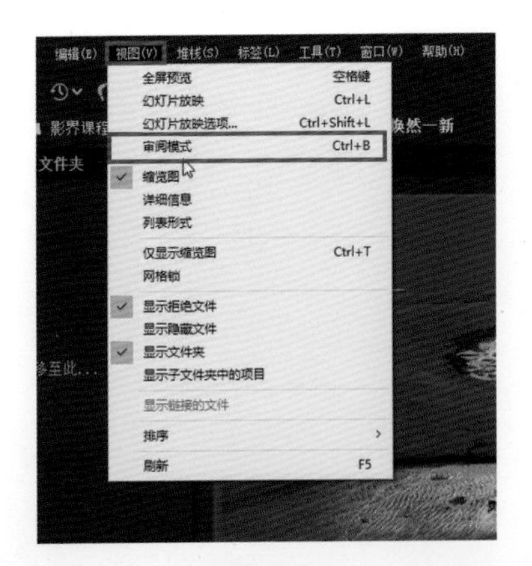

图 1-39

图 1-40

可以看到，调整后的画面呈现出笔者想要的简洁、大气、有神秘感的效果，使之得以在一众风光题材作品中脱颖而出，这主要是依赖万能的曲线实现的。

2

第2章

风景黑白影调的秘境调法

本章为大家讲解风景黑白影调的秘境调法。大家看到本章的标题，就知道是要把照片制作成黑白效果。首先在 ACR 14.0 中打开素材，如图 2-1 所示。这张照片的光线和意境都不太好，画面的对称性还算不错，背景也比较简洁。我认为可以对这张照片中地面上的纹理进行进一步的质感打造，以得到如图 2-2 所示的更加神秘且更有意境的效果。

图 2-1

图 2-2

打造黑白影调

既然想让画面呈现出比较厚重的效果，就要恢复它原有的质感、细节、层次。先单击“自动”按钮，再在自动调整的基础上进一步调整“基本”面板中的参数，降低“色温”以增加一些蓝色调，提高“去除薄雾”的值，如图 2-3 所示，可以看到画面整体的光影效果就完全不一样了。

图 2-3

接着改变一下视图比例，在照片任意位置单击鼠标右键，在弹出的菜单中选择“放大到”，选择“12%”，如图 2-4 所示，可以看到照片的四角发暗，如图 2-5 所示。

图 2-4

图 2-5

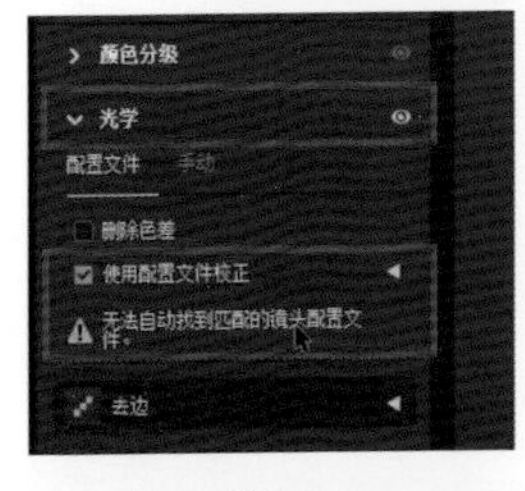

图 2-6

处理暗角可以打开“光学”面板，勾选“配置文件”选项卡下的“使用配置文件校正”复选框，就可以把暗角减淡一部分，如图 2-6 所示。如果没有找到匹配镜头的配置文件，则可以切换到“手动”选项卡，通过增加“晕影”的值来手动控制暗角，如图 2-7 所示。

图 2-7

接下来切换到“基本”面板，把“饱和度”的值降为 -100，这样黑白的效果就制作出来了，然后再次提高“去除薄雾”的值，如图 2-8 所示。

图 2-8

如果觉得天空还是有一点亮，可以单击“蒙版”图标，然后创建线性渐变蒙版，之后按住鼠标左键，在照片上从上向下拖动创建选区，如图 2-9 所示。

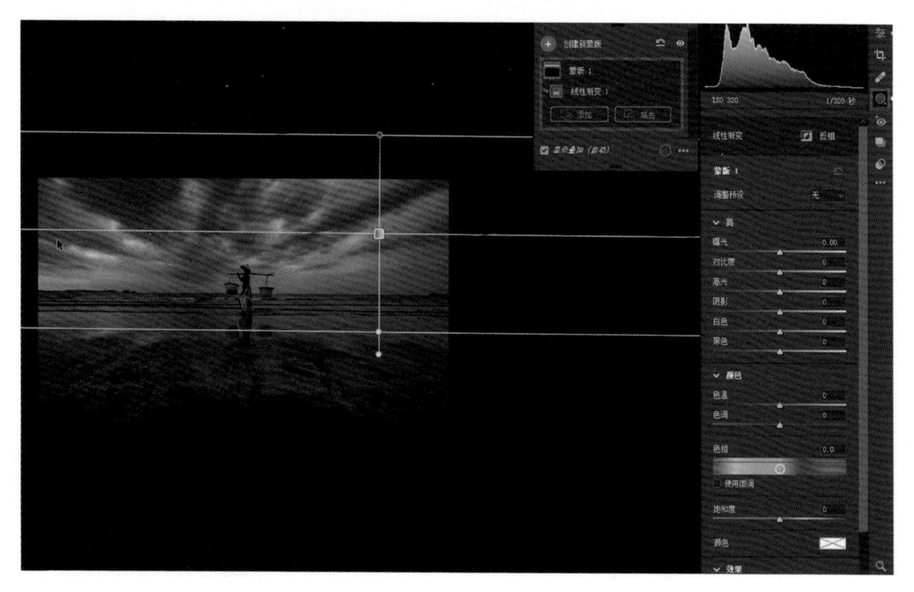

图 2-9

接下来提高选区“曝光”和“对比度”的值，调整滑块的时候选区的红色遮罩不显示，这样更容易看出调整前后画面的变化，如图 2-10 所示。

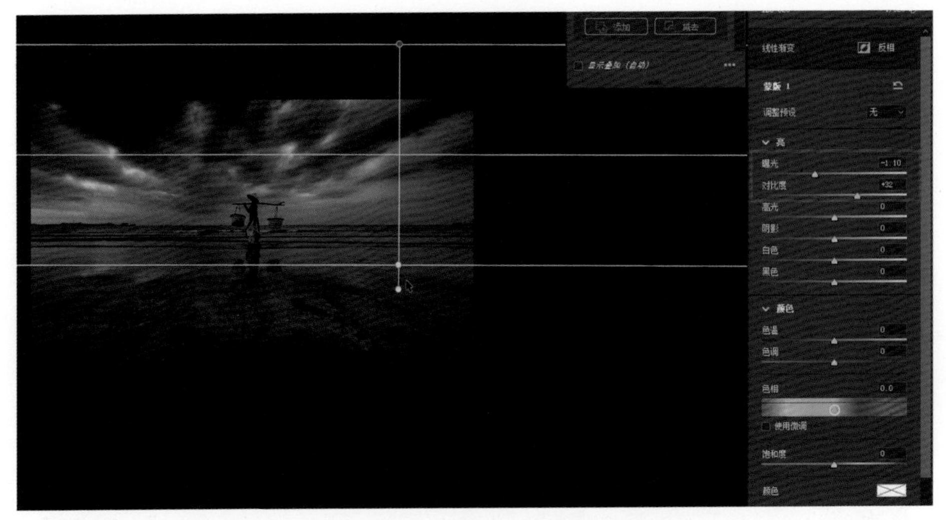

图 2-10

单击“创建新蒙版”面板中的“添加”按钮，选择“线性渐变”，如图 2-11 所示。按住鼠标左键，在照片上从下向上拖动创建选区，之后降低所选地面部分的“曝光”的值并增加“对比度”的值，如图 2-12 所示。

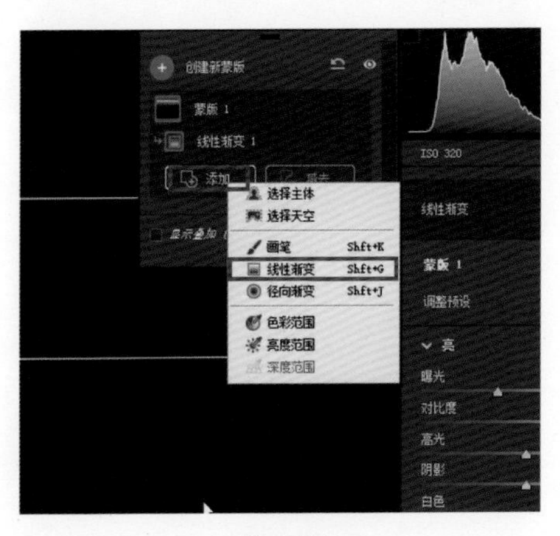

图 2-11

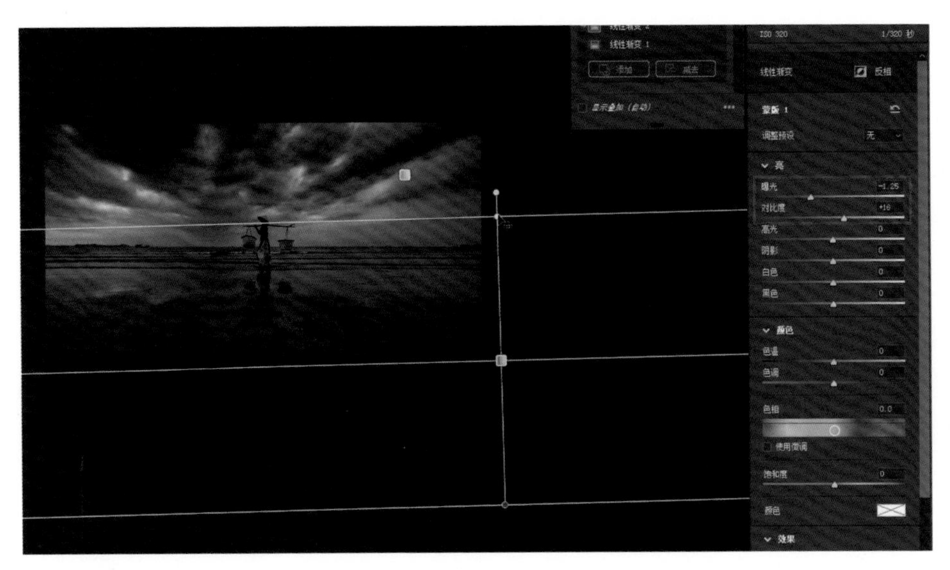

图 2-12

如果觉得地面太暗了，可以用画笔适当提亮一点。创建画笔蒙版，增加“曝光”“高光”“阴影”的值后涂抹地面，如图 2-13 所示。用多种工具进行处理，调整效果会更好。

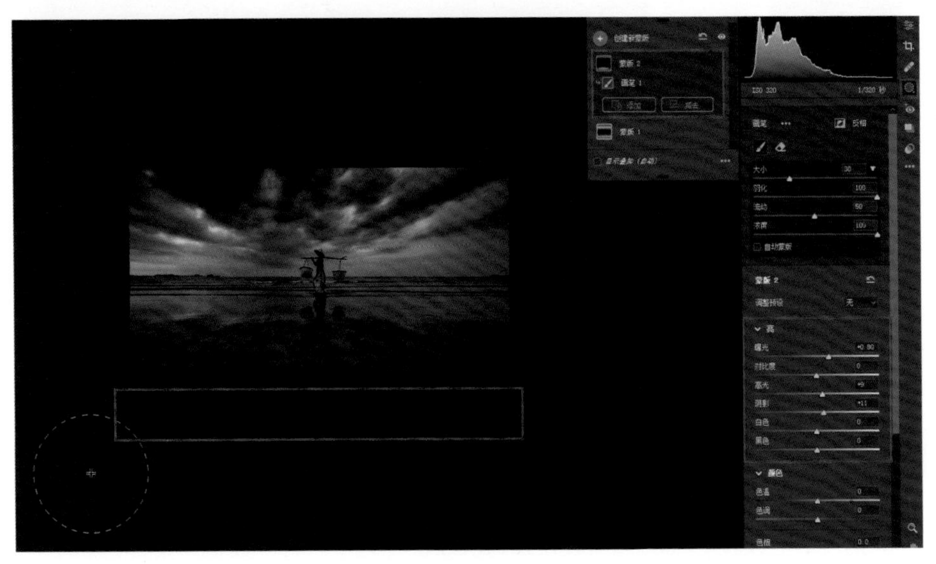

图 2-13

单击 ACR 界面右下方的“打开”按钮，如图 2-14 所示，进入 PS 操作界面。

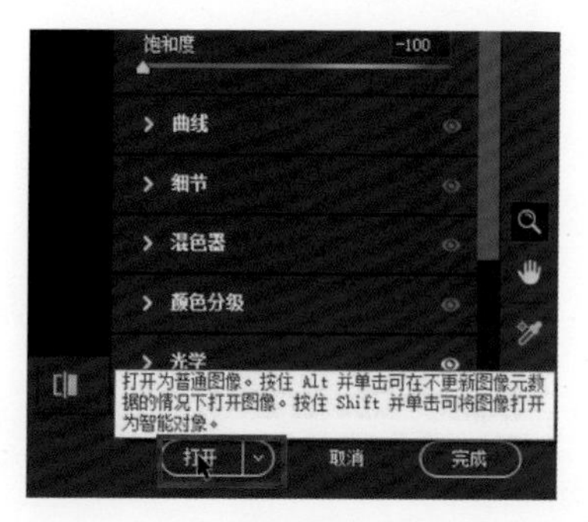

图 2-14

径向模糊打造画面质感

通过键盘上的“Ctrl+J”组合键复制图层，然后单击菜单栏中的“滤镜”，选择“模糊”—“径向模糊”，如图 2-15 所示。

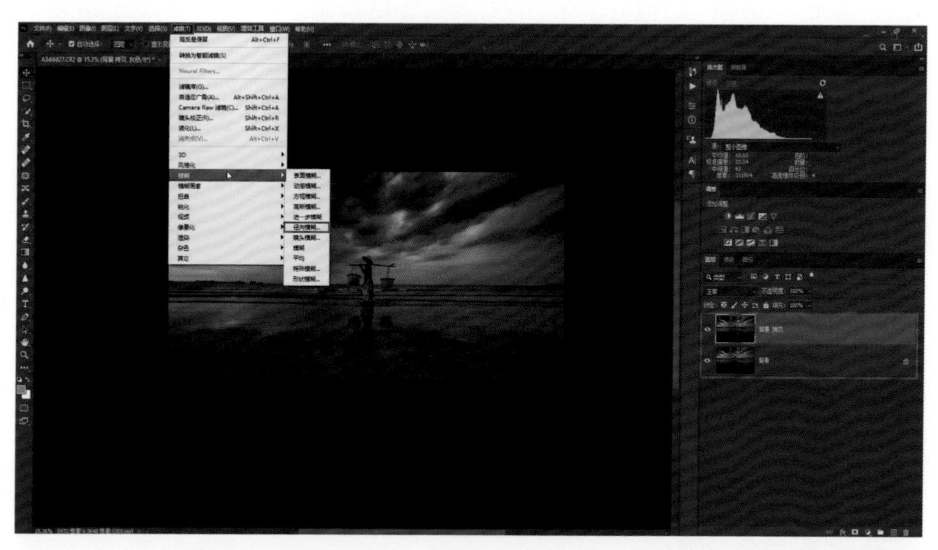

图 2-15

把“中心模糊”中的选框放在人物所在位置区域，将“数量”设置为 30，单击“确定”按钮，如图 2-16 所示。调整后的径向模糊效果如图 2-17 所示。

图 2-16

图 2-17

不过这样操作之后导致人物也模糊了，因此需要把人物还原回来。首先，给复制的图层添加蒙版，选中“背景 拷贝”图层，单击“添加图层蒙版”按钮，然后使用工具栏中的画笔工具，将“不透明度”设置为 40% 左右，将前景色设为黑色，涂抹人物四周，如图 2-18 所示。

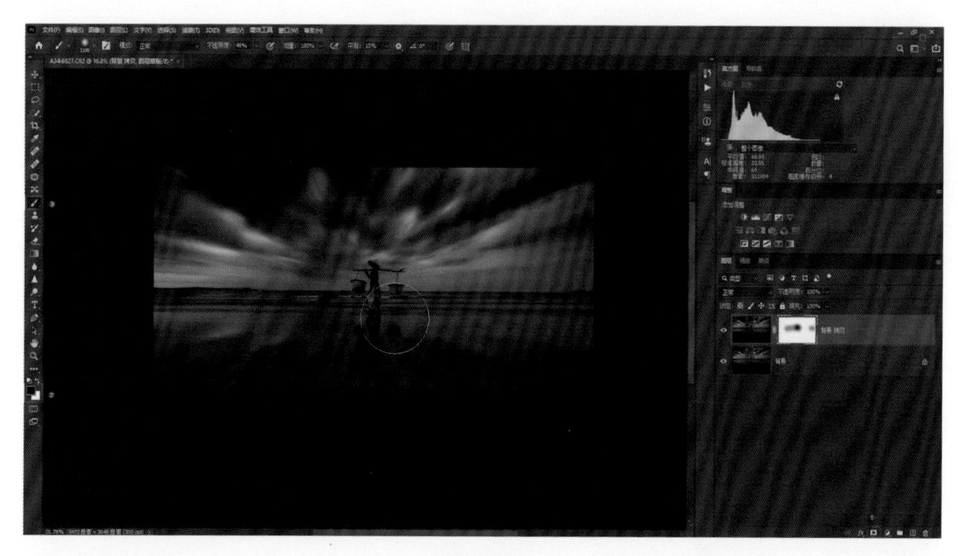

图 2-18

接下来就要加强对比。在加强对比之前，需要先把图像模式改成 RGB 颜色，以便于进行后续操作。单击菜单栏中的“图像”，选择“模式”—“RGB 颜色”，如图 2-19 所示。在对话框中单击“不拼合”按钮，如图 2-20 所示。

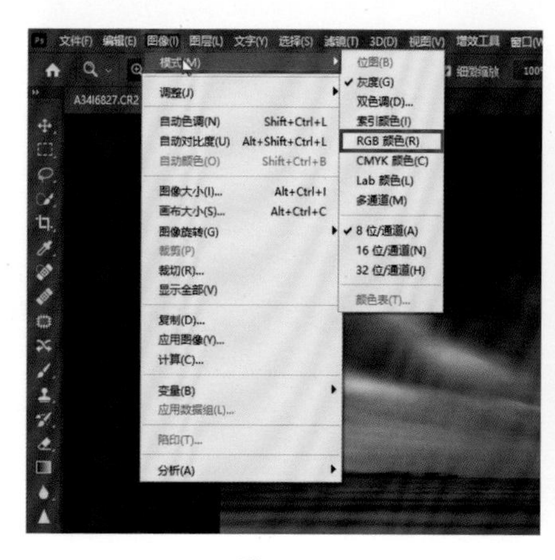

图 2-19

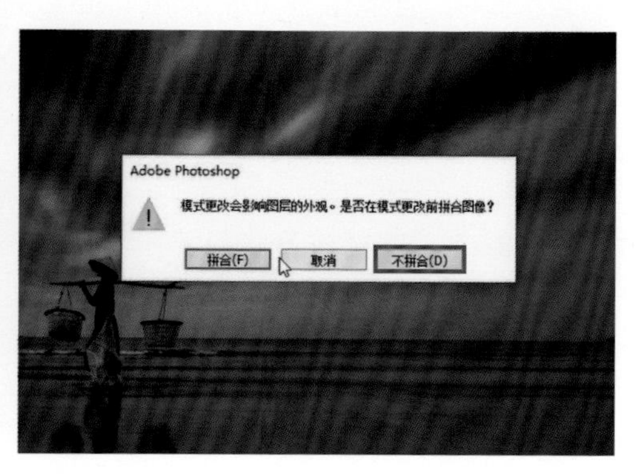

图 2-20

利用天空打造地面画面

在“调整”面板中单击“曲线”按钮，将曲线调整为起伏较平缓的 S 形来加强对比，如图 2-21 所示。此时可以看到天空的云很漂亮，但是地面的效果很一般。

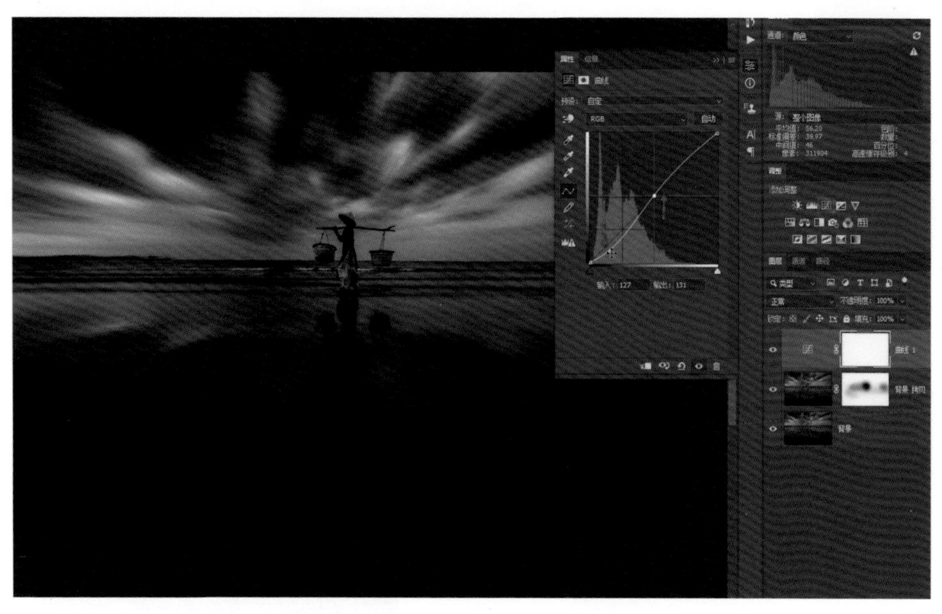

图 2-21

我们接下来做一个大胆的操作。首先在图层空白处单击鼠标右键，在弹出的菜单中选择“拼合图像”，如图 2-22 所示。

使用工具栏中的套索工具，将天空选中，注意不要选到人物，然后单击菜单栏中的“图层”，选择“新建”—“通过拷贝的图层”，如图 2-23 所示。

这样选区就会被提取出来，成为一个新的图层，如图 2-24 所示。

接下来单击菜单栏中的“编辑”，选择“自由变换”，如图 2-25 所示。

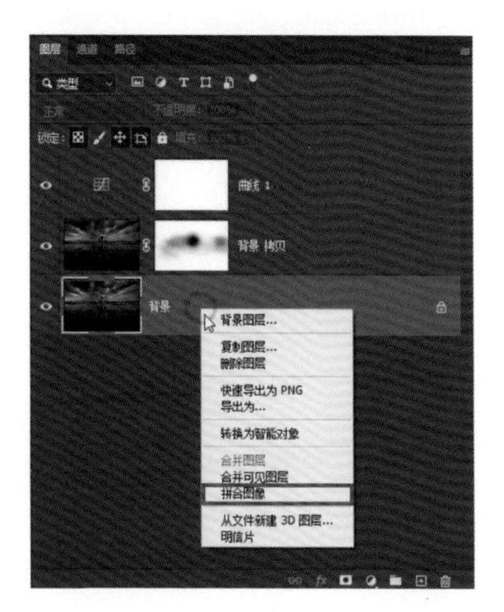

图 2-22

图 2-23

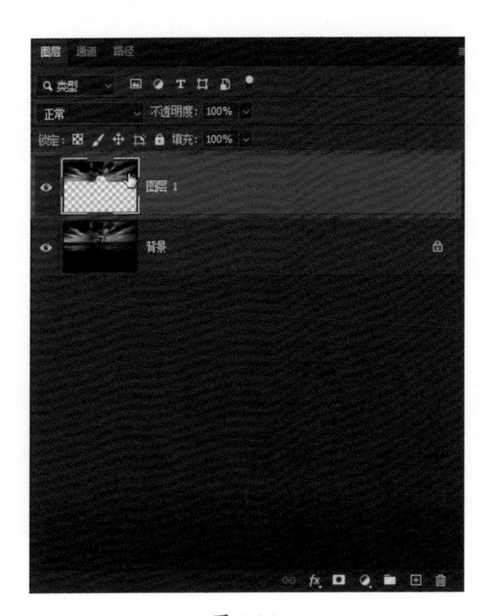

图 2-24

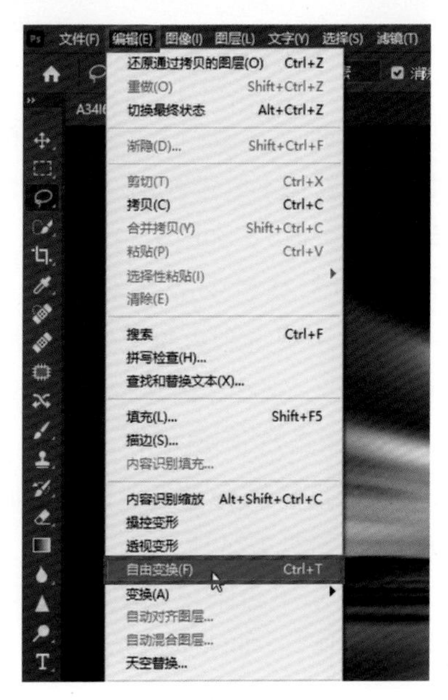

图 2-25

如图 2-26 所示，将中心点放在中间位置，然后单击鼠标右键，在弹出的菜单中选择“垂直翻转”。

图 2-26

然后调整翻转部分的大小，如图 2-27 所示，可以看到画面的整体视觉效果立马就不一样了。

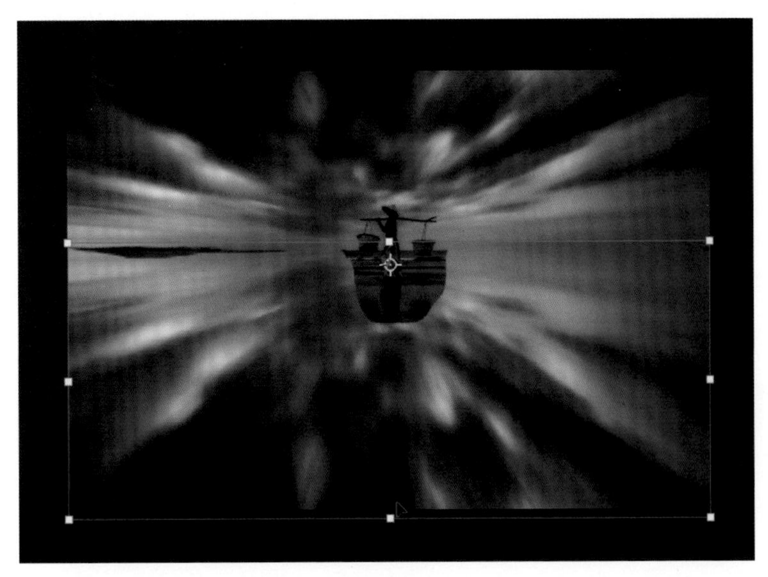

图 2-27

接下来要控制地面与天空之间交界处的过渡。选中“图层”，单击“添加图层蒙版”按钮，给图层添加蒙版，使用工具栏中的画笔工具，将“硬度”设为0，前景色设为黑色，“不透明度”的值可以设置得大一点，之后在天空地面交界处进行涂抹，使交界处能过渡得自然，如图 2-28 所示。

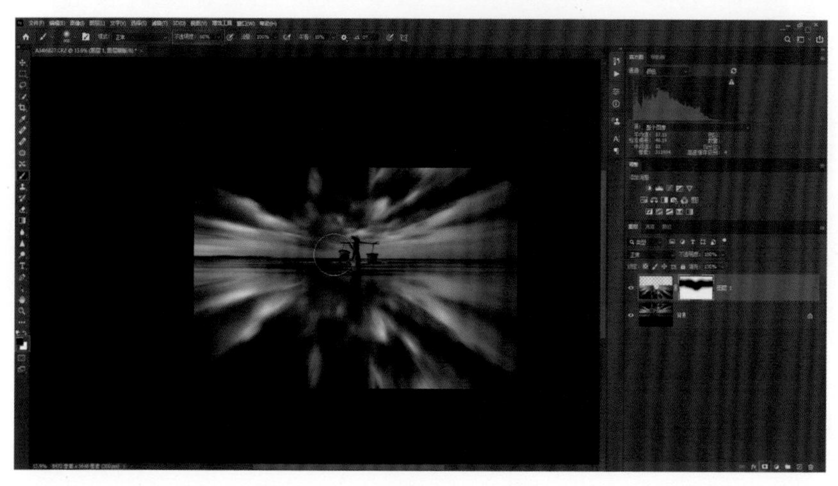

图 2-28

将图层的混合模式依次设置成“柔光”“叠加”“滤色”，看一下每种混合模式给画面带来了什么样的变化，如图 2-29 ～图 2-31 所示。可以看到“柔光”和“叠加”会让地面显得更深，而“滤色”则会让地面变得更浅，因此为了保留地面原有的细节，我们可以考虑选用“柔光”。

图 2-29

图 2-30

图 2-31

然后对地面再次进行提亮，在菜单栏中单击“图像”，选择“调整”—“曲线”，如图 2-32 所示。

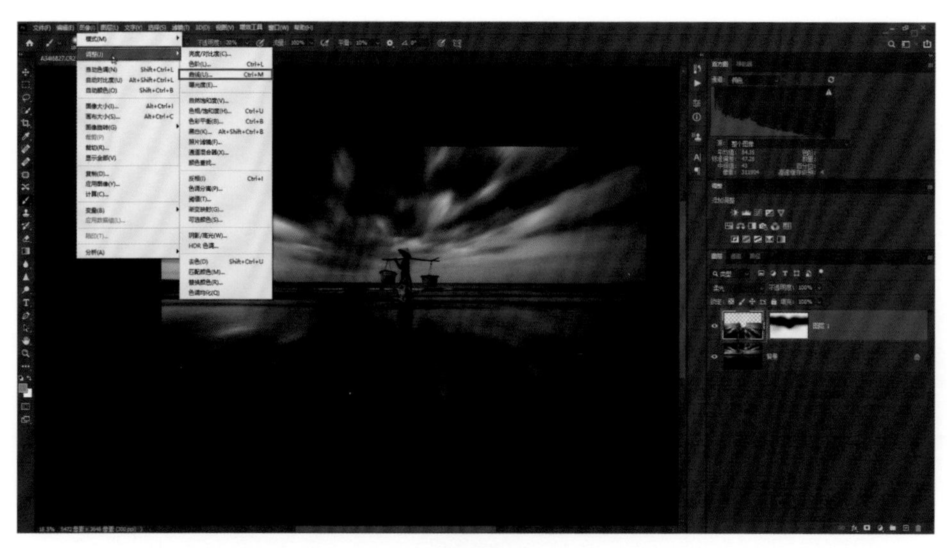

图 2-32

由于地面是不可能和天空一样亮的，那样就太假了，所以地面要比画面上半部分的天空部分暗一些，并且要保留一点纹理，因此应向上拉曲线，如图 2-33 所示。

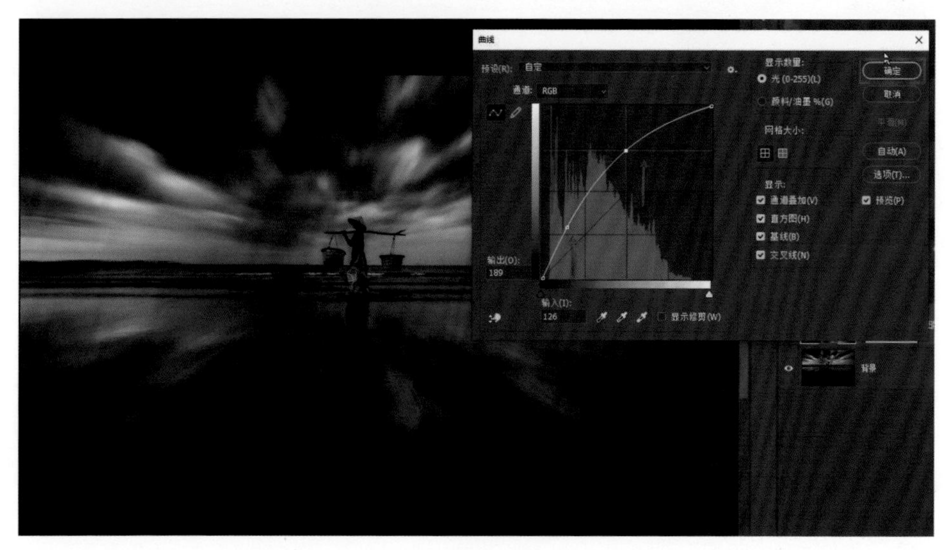

图 2-33

调整好以后就可以在图层空白处单击鼠标右键，在弹出的菜单中选择“拼合图像”，如图 2-34 所示。

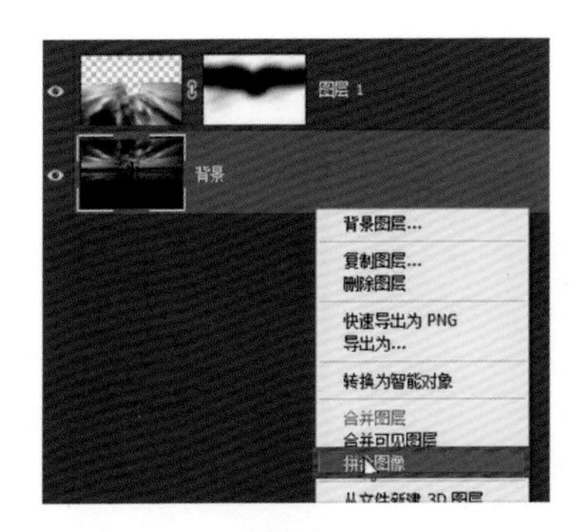

图 2-34

加强整体对比并添加杂色

由于对这张照片进行了太多模糊处理，所以接下来需要用曲线来加强对比。单击“调整”面板中的“曲线”按钮，调整曲线形成平缓的 S 形，如图 2-35 所示。

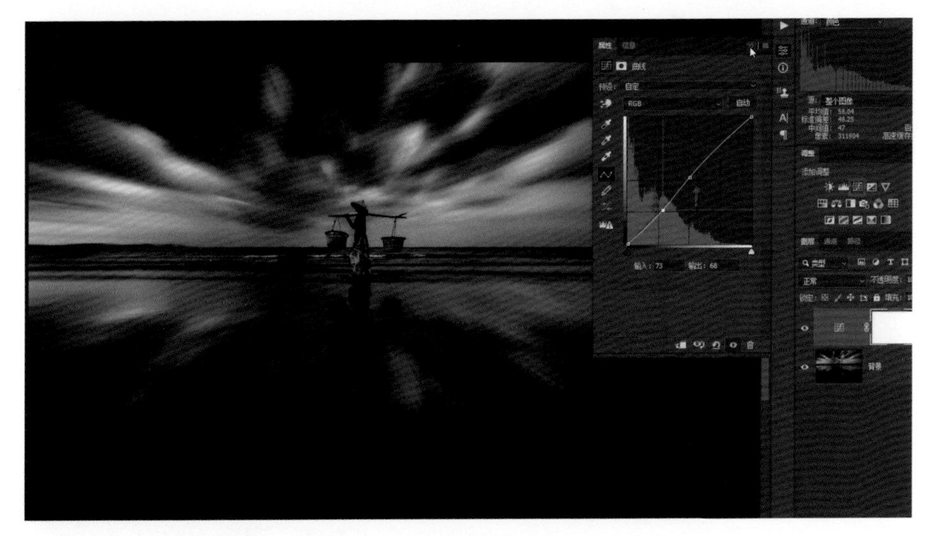

图 2-35

然后拼合图像，并通过键盘上的“Ctrl+J”组合键复制图层，如图 2-36 所示。

单击菜单栏中的“滤镜”，选择“杂色”—“添加杂色”，如图 2-37 所示，可以让纹理更加统一，质感也能更统一。将“数量”设置为 1，选择“高斯分布”，勾选“单色”复选框，高斯分布处理可以让杂色颗粒更不规则，从而使画面显得更自然，如图 2-38 所示。

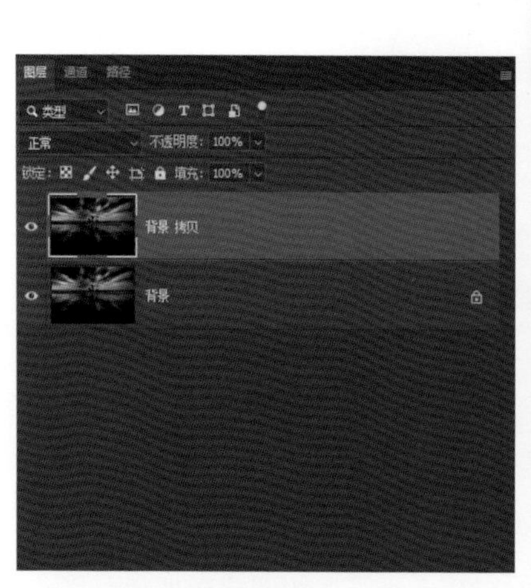

图 2-36

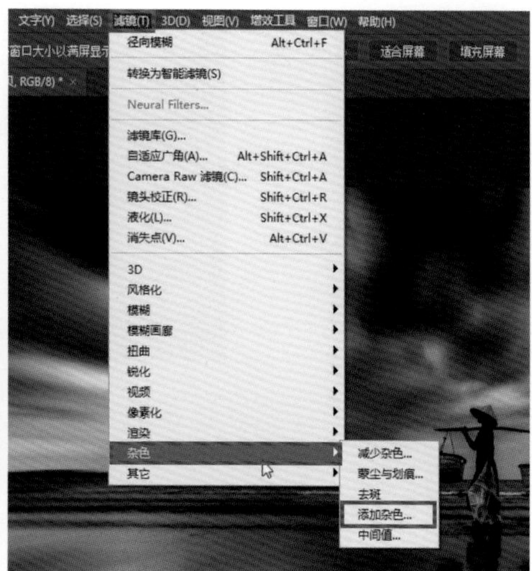

图 2-37

图 2-38

3

第3章

影调及作品灵魂

本章为大家讲解要想了解影调及作品灵魂一定要掌握的知识。大家看到如图 3-1 所示的这样一张照片时，就应该能感受到这将会是一幅很有意境、厚重感非常强的作品。这张照片是可以深层次挖掘的，因为它很有力量感，不仅包括了石头的力量、人的力量，还包括天空云彩所带来的厚重力量。我们需要通过处理让这张照片更有意境、更具厚重感，这样才更能突出作品要表现的内容。这张照片里的挑夫走在这样的石子路上，背部都是弯下去的，在天空乌云重重的衬托下，给人一种顽强、坚毅、对生活困苦不屈服的感觉。针对这样的意象可以考虑对地面的石头和天空进行挖掘，处理后效果如图 3-2 所示。

图 3-1

图 3-2

调整整体影调

首先单击“自动”按钮，在此基础上可以再将色调调整得更强烈一点，并提高“去除薄雾”的值，如图 3-3 所示。

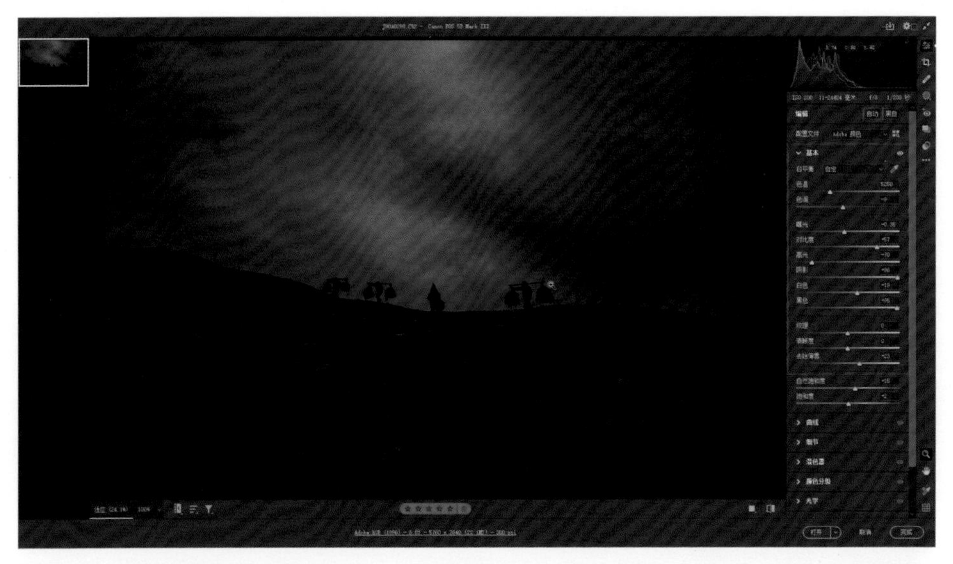

图 3-3

新建线性渐变蒙版，按住鼠标左键从上往下拖动出选区，降低“曝光”和“高光”的值，提高“对比度”的值，如图 3-4 所示。

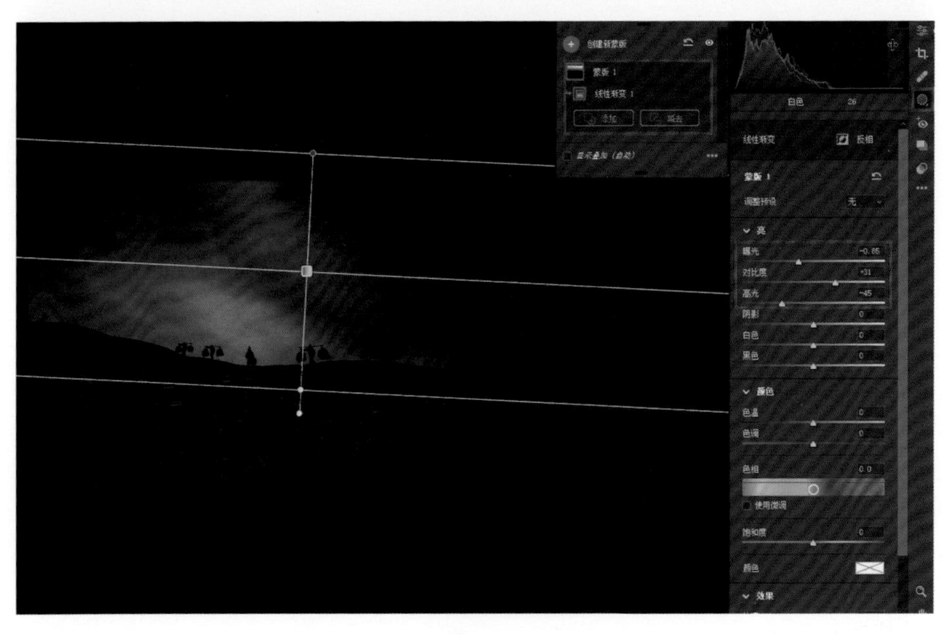

图 3-4

接着切换回“基本”面板，对各参数进行进一步的调整以调整影调。调整时要注意影调的结构和层次，比如高光处的细节并不是恢复得越多越好，而应当让高光和暗部在画面中的占比比中间调少一些，才能实现比较好的效果，如图 3-5 所示。

图 3-5

当你觉得影调已经调整得差不多了时，就可以单击 ACR 界面右下方的“打开”按钮进入 PS 操作界面，如图 3-6 所示。

图 3-6

增加天空的画面占比

接下来对整个画面的构图进行调整，让上面天空部分显得更有分量一些。选择工具栏中的裁剪工具，在照片上任意区域单击鼠标右键，选择“1:1”的方形构图，如图 3-7 所示。按住鼠标左键并向上拖动，增加天空在画面中的占比，如图 3-8 所示。

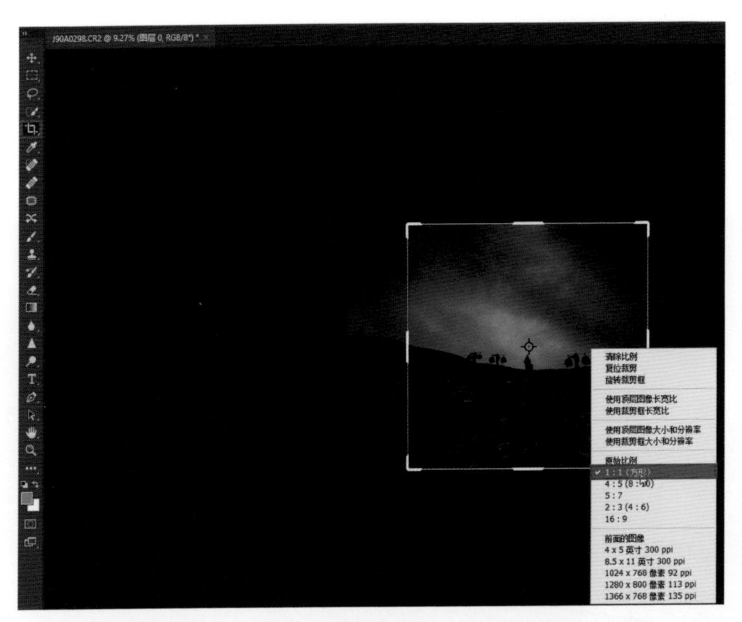
J90A0298.CR2 @ 9.27% (图层 0, RGB/8*) *
清除比例
复位裁剪
旋转裁剪框
使用顶层图像长宽比
使用裁剪框长宽比
使用顶层图像大小和分辨率
使用裁剪框大小和分辨率
原始比例
1 : 1（方形）
4 : 5 (8 : 10)
5 : 7
2 : 3 (4 : 6)
16 : 9
前面的图像
4 x 5 英寸 300 ppi
8.5 x 11 英寸 300 ppi
1024 x 768 像素 92 ppi
1280 x 800 像素 113 ppi
1366 x 768 像素 135 ppi

图 3-7

W： 5231 像素
H： 5231 像素

图 3-8

天空中多余的部分可以先使用矩形框选工具框选，要注意一定不要将画面中人物的头部框选在内，然后单击菜单栏中的“编辑”，选择“自由变换”，如图3-9所示。

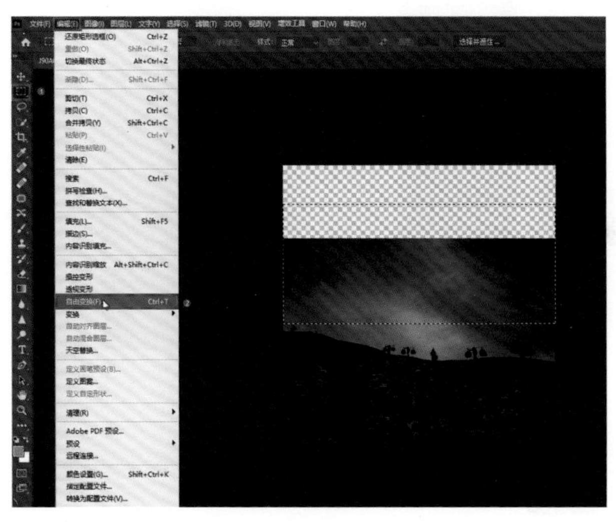

图 3-9

向上拖动顶部正中心的锚点将天空往上提，填满空白部分，然后单击“√”按钮确认，如图3-10所示，再单击菜单栏中的“选择”，选择“取消选择”，如图3-11所示。

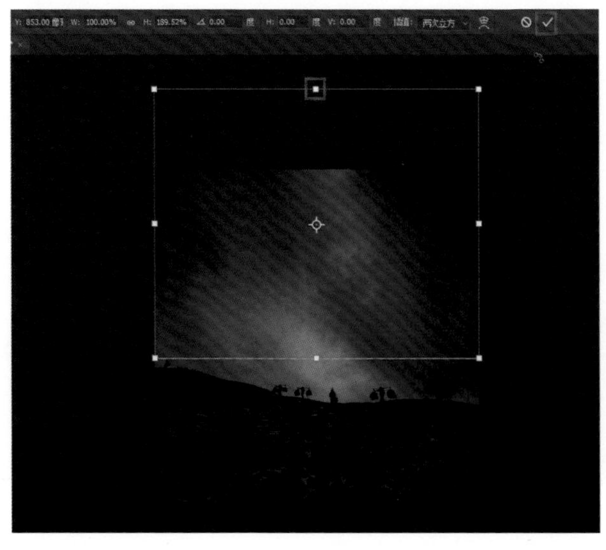

图 3-10

图 3-11

打造画面神秘感

拼合图像，单击“调整”面板中的“曲线”按钮，用鼠标向下拖动曲线上的控制点，压暗画面，让整个画面更具神秘感，如图 3-12 所示。

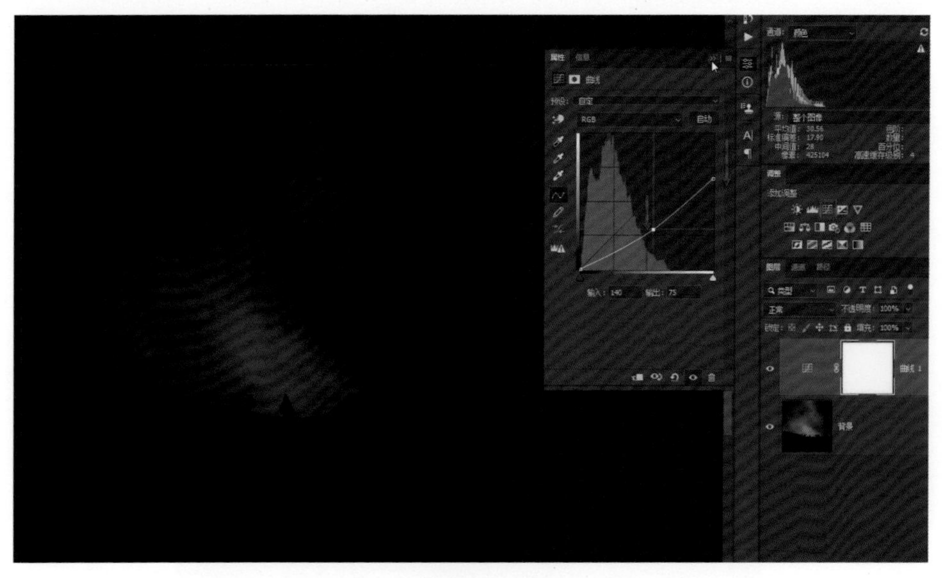

图 3-12

选中“曲线 1”图层，单击“添加图层蒙版”按钮，给图层添加蒙版，将前景色设为黑色，选择“径向渐变”，在渐变编辑器中将预设选择为“前景色到透明渐变”，单击“确定”按钮，然后按住鼠标左键并拖动鼠标在画面上进行拉伸，如图 3-13 和图 3-14 所示。

图 3-13

图 3-14

打造地面局域光

如果觉得地面上的这些石头的色调太均匀没有光照感，可以利用套索工具为这个地方增加局域光的效果。首先用套索工具随意创建选区，如图 3-15 所示。

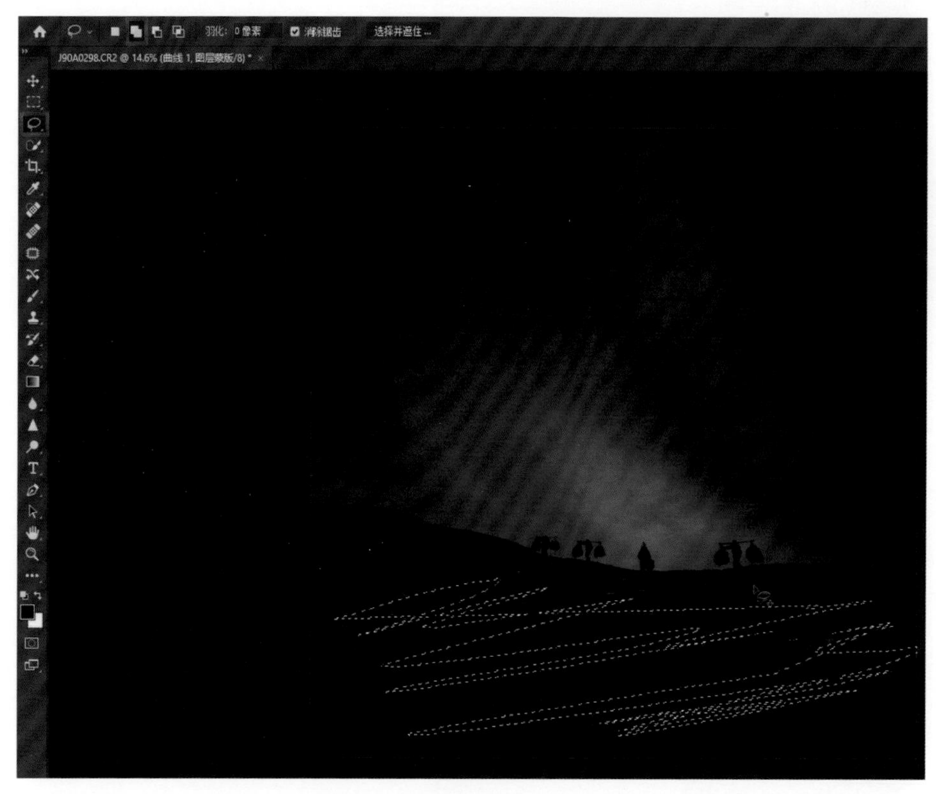

图 3-15

然后单击“曲线”按钮，创建曲线调整图层，用鼠标拖动曲线上的控制点，向上拉曲线，对选区进行提亮，如图 3-16 所示。

双击“曲线 2”图层的蒙版缩览图打开“属性”面板，增加“羽化”的值，这样就可以营造出若隐若现、比较自然的光照感，如图 3-17 所示。

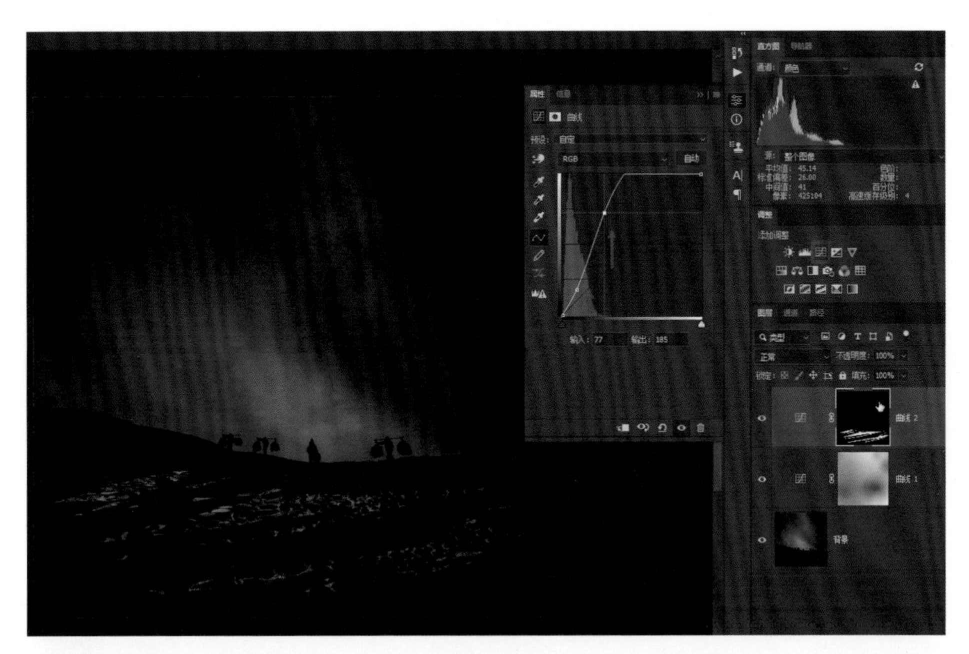
属性
曲线
预设：自定
RGB
自动
输入：77
输出：185
直方图
源：整个图像
调整
添加调整
图层
正常
不透明度：100%
填充：100%
曲线 2
曲线 1
背景

图 3-16

属性
蒙版
图层蒙版
浓度：
100%
羽化：
调整：
选择并遮住...
颜色范围...
反相
直方图
源：整个图像
调整
添加调整
图层
正常
不透明度：100%
填充：100%
曲线 2
曲线 1
背景

图 3-17

如果感觉局域光的部分过多，可以擦去一些。选择画笔工具，将前景色设置为黑色，按住鼠标左键涂抹画面中多余的光照区域，如图 3-18 所示。

图 3-18

在图层空白处单击鼠标右键，选择“拼合图像”，如图 3-19 所示，选择仿制图章工具，按住鼠标左键在画面左上角拖动，使之过渡自然，如图 3-20 所示，

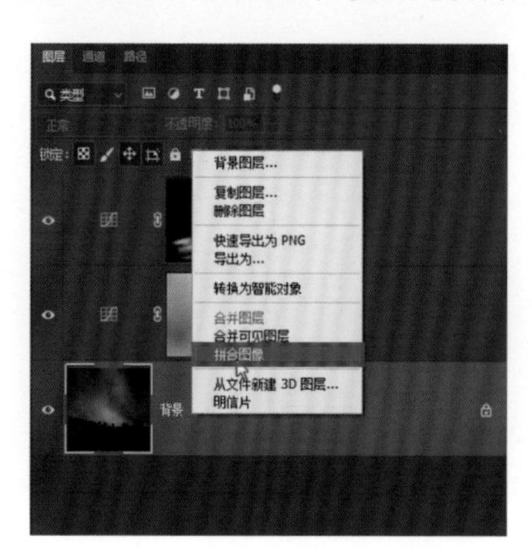

图 3-19

图 3-20

打造画面厚重感

通过键盘上的“Ctrl+J”组合键复制图层，在菜单栏中单击“滤镜”，选择“滤镜库”，如图 3-21 所示。

图 3-21

在“画笔描边”里找到深色线条，用来强化高光和暗部。这里将“黑色强度”的值提高一点，将“白色强度”值设为 0，单击“确定”按钮，如图 3-22 所示。

图 3-22

然后单击“添加图层蒙版”按钮，将前景色设置为黑色，“不透明度”设置为 20% 左右，按住鼠标左键涂抹画面的暗部，让画面暗部稍微亮回来一点点，如图 3-23 所示，这样这张照片就已经制作完成了。

图 3-23

大家可以看到这幅影像所发生的变化，如果没有进行以上这些步骤的处理，这张照片在众多作品中很难能脱颖而出。调整后的画面带来了完全不同于原图的视觉冲击感，为生命添加了坚毅的色彩的同时，更具浪漫气息，纵使长路漫漫，眼前仍有诗和远方。

4

第4章

电影影调质感教程

本章讲解如何用 Photoshop 调出电影影调质感。首先打开照片，如图 4-1 所示，制作完成后的照片如图 4-2 所示，调整后的画面色调不会过浓，很多电影的色调都会做成这种效果，这种色调使画面非常耐看。

图 4-1

图 4-2

调整整体影调

首先对画面影调进行简单的调整。单击“自动”按钮，进行简单的调整以还原画面的细节，在自动调整的基础上增加“对比度”，稍微提高“曝光”的值，并降低“色温”来增加蓝色调，注意不要增加得太多，如图 4-3 所示。

图 4-3

进行简单调整之后，就可以单击“打开”按钮进入到 PS 操作界面，如图 4-4 所示。

图 4-4

调整雪地和屋顶影调

在 PS 中有几个地方需要处理，一个是画面中雪地部分有点沉闷，再就是房顶上的雪不够明快，还有就是屋顶部位有点亮，这些地方细节都相对比较少，所以需要进行局部调整。这里推荐使用一个很好用的选择命令，如图 4-5 所示，即菜单栏中“选择”里的“色彩范围”。打开“色彩范围”对话框后调整“容差”，“容差”主要指的是在选取颜色时所设置的选取范围，这个范围决定了哪些颜色会被包括在选取的区域内。提高颜色容差的值，可以看到“色彩范围”对话框下面的缩览图中，高亮的地方是我们需要的地方，而黑色就是完全不要的地方，灰色就是部分要的地方，选好了单击“确定”按钮，如图 4-6 所示。

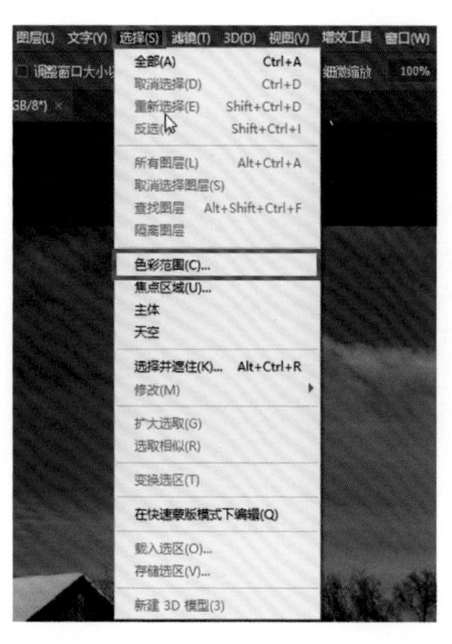

图 4-5

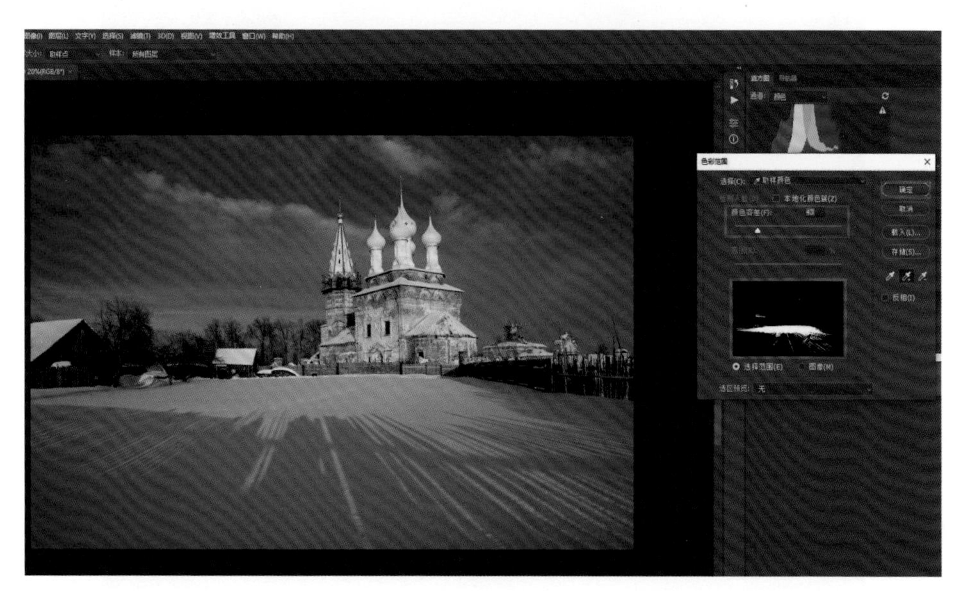

图 4-6

如果选择了不需要的区域，如图 4-7 所示，可以使用工具栏中的套索工具，选择“减去选区”模式，将多余的选区减去，如图 4-8 所示。

图 4-7

图 4-8

然后单击“曲线”按钮进行调整，将曲线调整为平缓的 S 形，这样选区部分就很明快了，如图 4-9 所示。

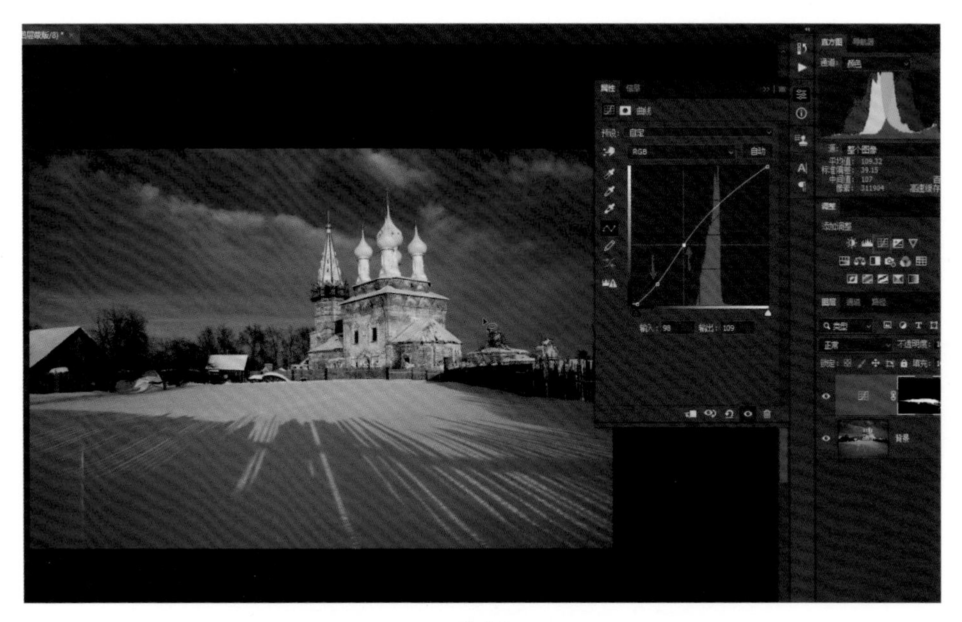

图 4-9

接下来就是调整塔顶部分，同样使用菜单栏中的“选择”—“色彩范围”进行选择，但是有一个细节要注意，大家一定要先选中“背景”图层，然后再使用“色彩范围”，如图 4-10 所示。

图 4-10

将“颜色容差”设为65，可以选中塔顶的位置，如图4-11所示。

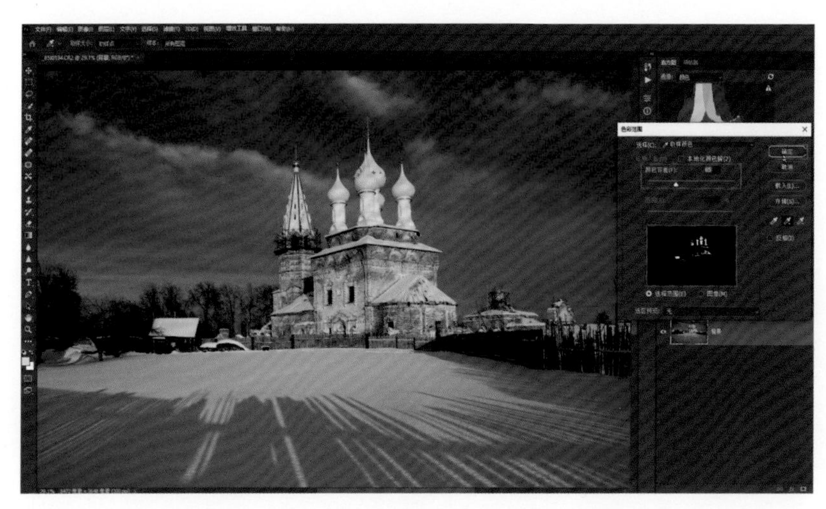

图4-11

如图4-12所示，选区中还是会包括多选的地方，多选的地方可以像刚刚处理雪地选区一样，用套索工具的从“选区减去”模式减去。另外的方法是可以用套索工具的“与选区相交”模式，该模式就是仅保留两个选区重叠的部分，如图4-13所示。

图4-12

图 4-13

接下来再次创建曲线调整图层，用鼠标向下拖动曲线上的控制点以将曲线下拉，从而压暗屋顶，如图 4-14 所示，画面细节就丰富多了。

图 4-14

然后分别双击“曲线 1”和“曲线 2”的图层蒙版缩览图，并提高“曲线 1”和“曲线 2”图层蒙版的“羽化”值，使所选区域的边缘过渡更自然柔和，如图 4-15 和图 4-16 所示。

属性
蒙版
图层蒙版
浓度:
100%
羽化:
1.9 像素
调整:
选择并遮住...
颜色范围...
反相
通道:
颜色
调整
添加调整
图层
正常
不透明度:
100%
填充:
100%
曲线 1
曲线 2
背景

图 4-15

属性
蒙版
图层蒙版
羽化:
4.6 像素
调整:
选择并遮住...
颜色范围...
反相
曲线 1
曲线 2
背景

图 4-16

打造电影影调

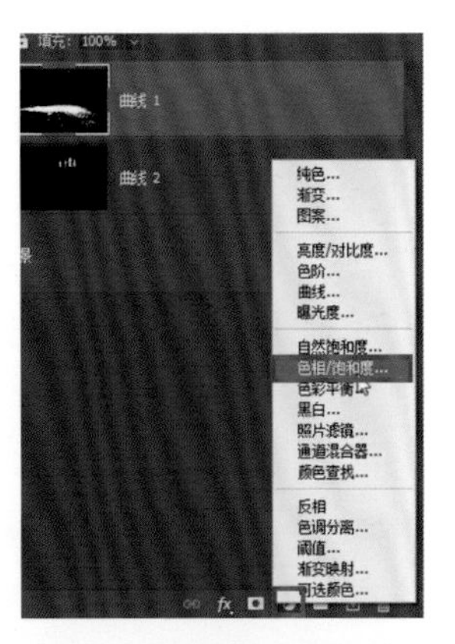

图 4-17

接下来打造电影影调。很多西方电影都有一个主观色调，并且没有高饱和色调。首先创建色相 / 饱和度调整图层，如图 4-17 所示。

在“属性”面板中，选择“蓝色”通道，可以稍微向左移动“色相”滑块，然后降低一些“饱和度”，如图 4-18 所示。然后选择“青色”通道，也降低“饱和度”，如图 4-19 所示，这样整体色调就相对统一了。

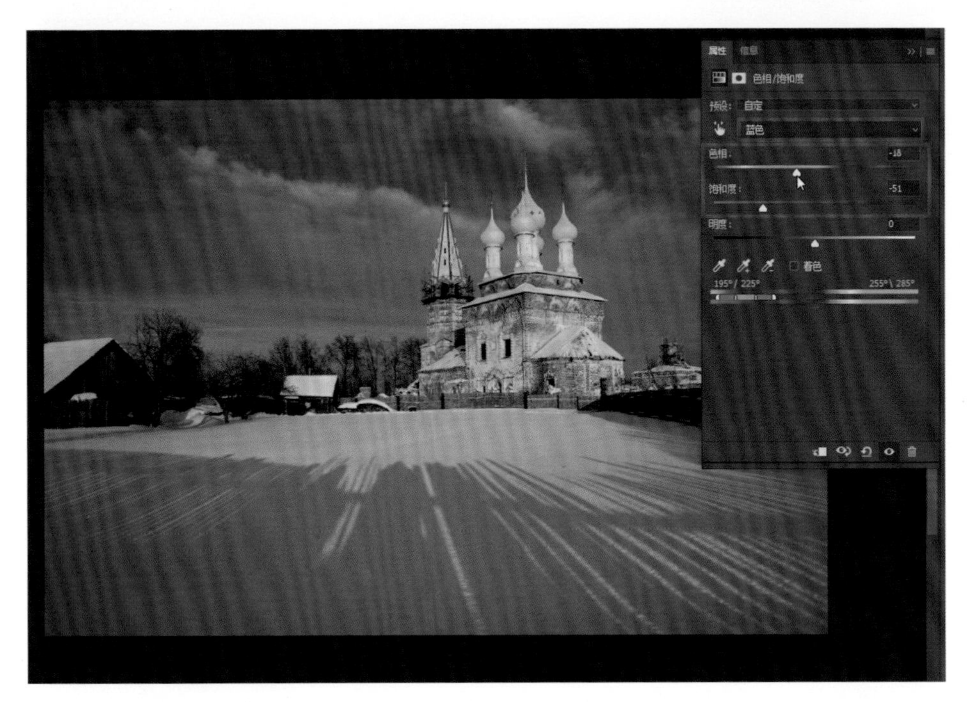

图 4-18

再次创建色相 / 饱和度调整图层，调整全图的饱和度。如图 4-20 所示。整体降低饱和度之后，建筑的红色要保留一些，不然建筑没有色彩就一点特色都没有了。选择画笔工具，将前景色设置为黑色，“不透明度”设置为 60% ～ 70%，按住鼠标左键对建筑的红色部位进行涂抹，红色要保留但是不能保留太多，如图 4-21 所示。

属性 信息
色相/饱和度
预设：自定
青色
色相：0
饱和度：-57
明度：0
着色
135°/ 165°
195°\ 225°

图 4-19

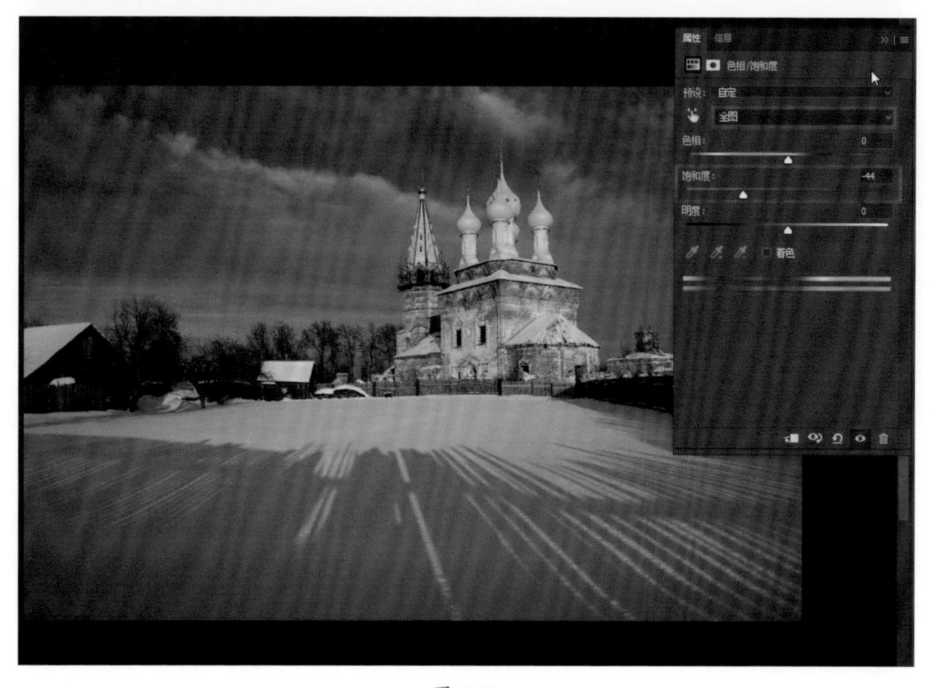
属性 信息
色相/饱和度
预设：自定
全图
色相：0
饱和度：-44
明度：0
着色

图 4-20

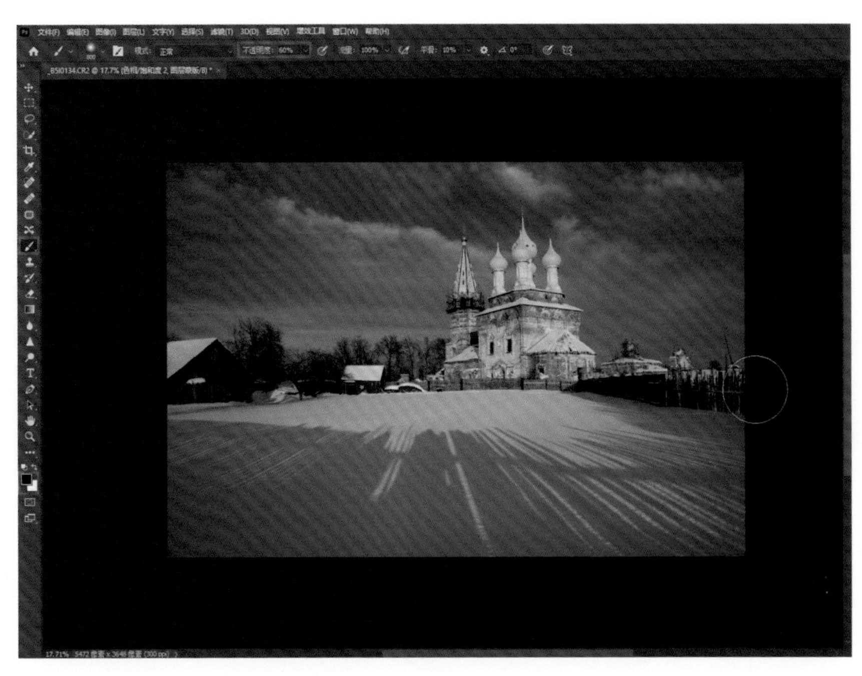

图 4-21

接下来添加照片滤镜调整图层，添加一个绿色的照片滤镜，将“密度”值调整得低一些，如图 4-22 所示。

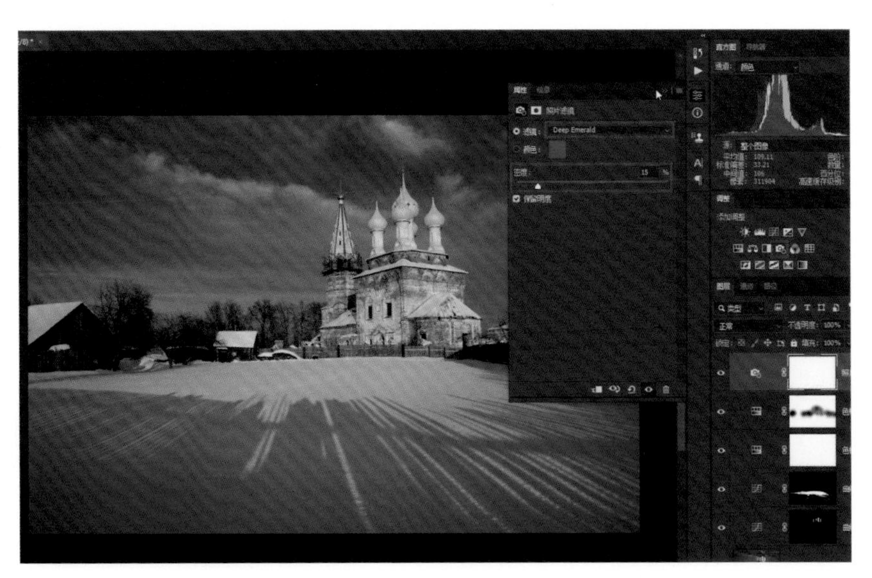

图 4-22

然后再添加一个黄色的照片滤镜对环境进行调整。切换到“通道”面板，选择“红”通道并拖动到“载入选区”按钮上，然后单击菜单栏中的“选择”，选择“反选”，这样就选择了画面中的环境区域，如图 4-23 所示。

图 4-23

给环境选区添加黄色的照片滤镜，此处的黄色是深黄色，使画面呈现暖色调，如图 4-24 所示。

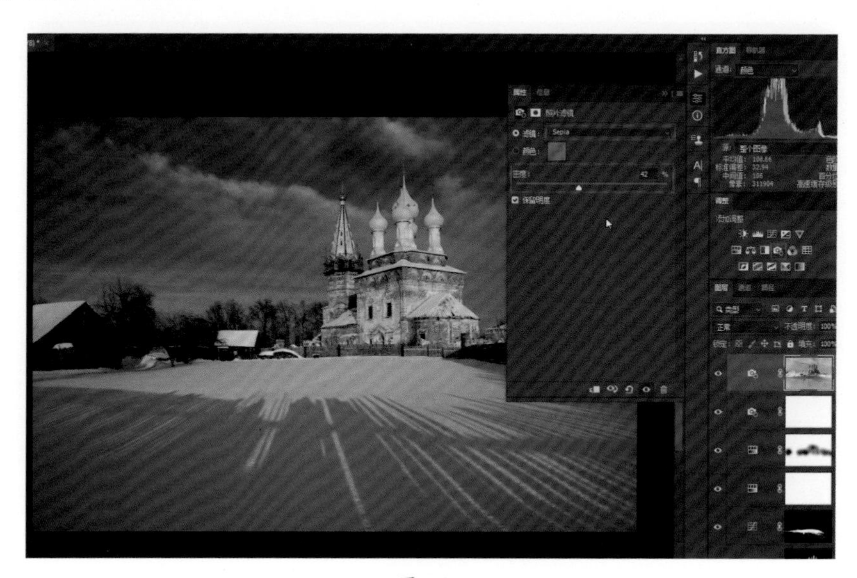

图 4-24

接下来进行整体色调的调整。首先在图层空白处单击鼠标右键，在弹出的菜单中选择“拼合图像”，如图 4-25 所示。

拼合完之后创建渐变映射调整图层，选择“前景色到背景色渐变”，单击“确定”按钮，如图 4-26 所示。

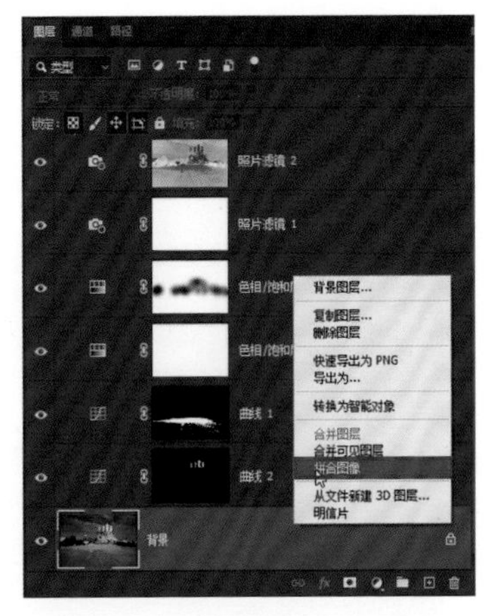

图 4-25

图 4-26

将图层混合模式改为“明度”，可以看到整个画面的细节层次得到加强，然后将“不透明度”和“填充”的值适当降一些，如图 4-27 所示。

图 4-27

添加杂色并锐化

然后拼合图像，通过键盘上的“Ctrl+J”组合键复制图层，单击菜单栏中的“滤镜”，选择“杂色”—“添加杂色”，如图 4-28 所示。在“添加杂色”对话框中，设置“数量”的值，选择“高斯分布”，勾选“单色”复选框，然后单击“确定”按钮，如图 4-29 所示。

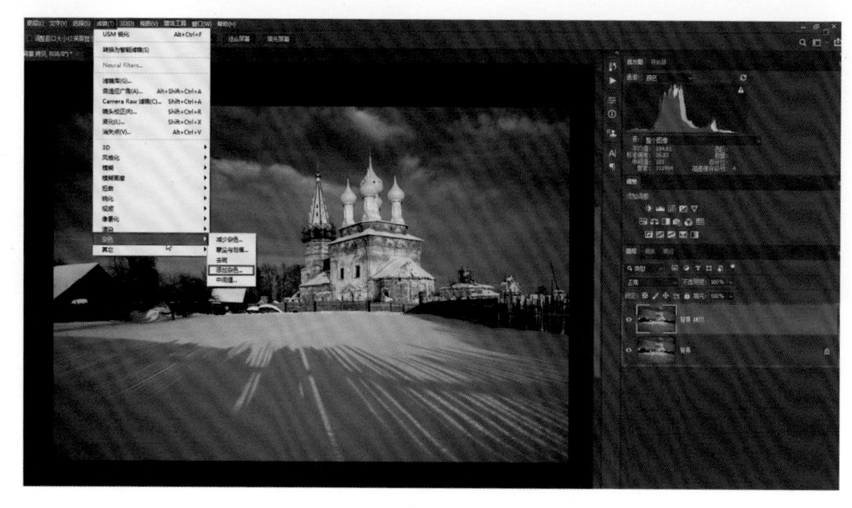

图 4-28

图 4-29

在研磨时往待研磨材料中加沙子会研磨得更细，添加杂色其实是类似的原理，给画面中添加杂质之后再次进行锐化可以获得更细腻的画面。单击菜单栏中的“滤镜”，选择“锐化”—“USM 锐化”，如图 4-30 所示。

图 4-30

在“USM 锐化”对话框调整各参数，可以将“半径”设为 1，“阈值”设为 4，阈值越大锐化程度越小，阈值越小锐化效果越明显，单击“确定”按钮，如图 4-31 所示，这样这张照片就调整完毕了。

图 4-31

5

第5章

如何使画面影调变得更为纯净

本章讲解如何使画面影调变得更为纯净。首先看到这样一张照片，如图 5-1 所示，这是拍摄于公园的荷花照片。可以看到这张照片中荷花并不是在荷塘中，而是种在花盆里的，人为痕迹过于浓重。我想把这张照片制作得更简洁、纯净一些，比如花盆边缘是需要抹掉的，整个画面曝光偏暗，影调沉闷，大面积的蓝色调也不是我们想要的。

我们希望表现出荷花出淤泥而不染的品格，这也是为什么要让这张照片显得更纯净的原因。处理后的照片如图 5-2 所示，可以看到画面呈现出光影斑驳的效果，整个画面影调具有层次感。

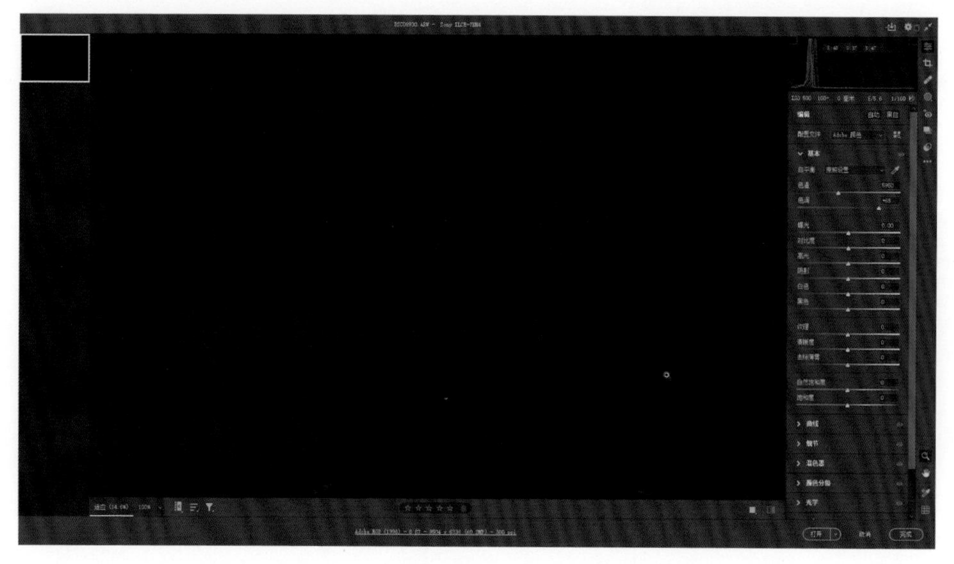

图 5-1

图 5-2

调整整体影调

首先让画面构图更饱满，选择剪裁工具，单击鼠标右键后在弹出的菜单中选择“1×1”的长宽比，然后调整构图，如图 5-3 和图 5-4 所示。

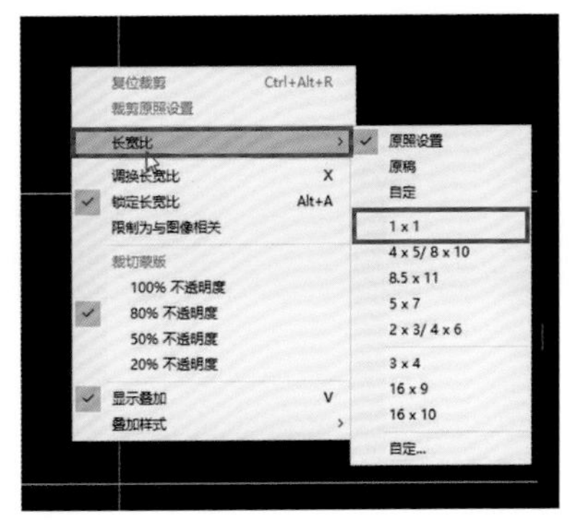

图 5-3

图 5-4

接下来对这张照片进行简单的影调调整。单击“自动”按钮，然后在此基础上对参数进一步调整，首先提高“色调”值让画面偏洋红一些，如图 5-5 所示。

图 5-5

这张照片的感光度值为 500，比较高的感光度值说明需要对画面进行降噪处理。切换到“细节”面板，提高“减少杂色”的值，稍微提高“锐化”的值，如图 5-6 所示。

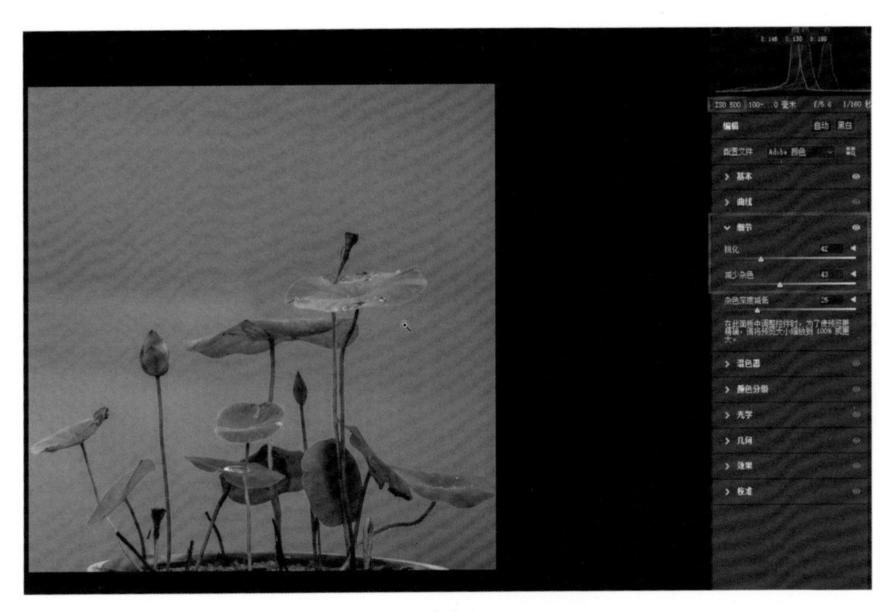

图 5-6

然后再继续调整色调。我认为偏洋红的色调还是不太符合这张照片体现的意境，所以可以稍微加点青色和绿色，也就是适当降低“色温”“色调”参数值，这样可以让画面看起来更加干净，再将“饱和度”的值也降低一点，如图 5-7 所示。

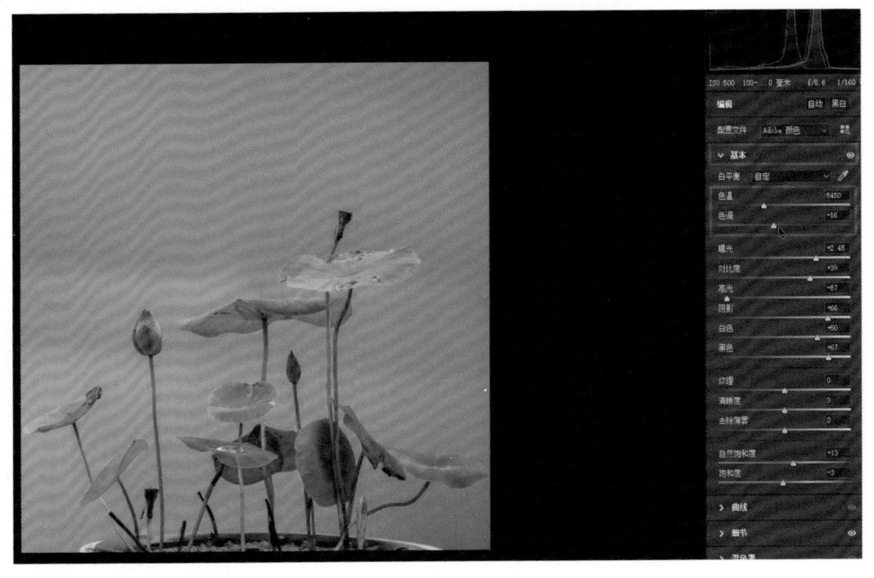

图 5-7

这个时候我们就可以单击“打开”按钮，进入PS操作界面进行进一步处理，如图5-8所示。

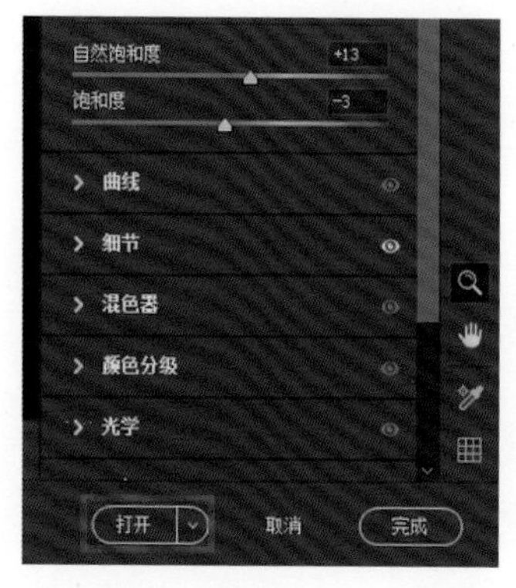

图 5-8

打造光影斑驳的效果

首先通过键盘上的“Ctrl+J”组合键复制图层，然后单击菜单栏中的“滤镜”，选择“模糊”—“平均”，如图5-9所示。

图 5-9

“平均”就是将作品所有的色彩信息进行综合分析，然后得到一个与之匹配的纯色图层。这个纯色图层要稍微提亮一点，单击菜单栏中的“图像”，选择“调整”—“曝光度”，如图 5-10 所示。

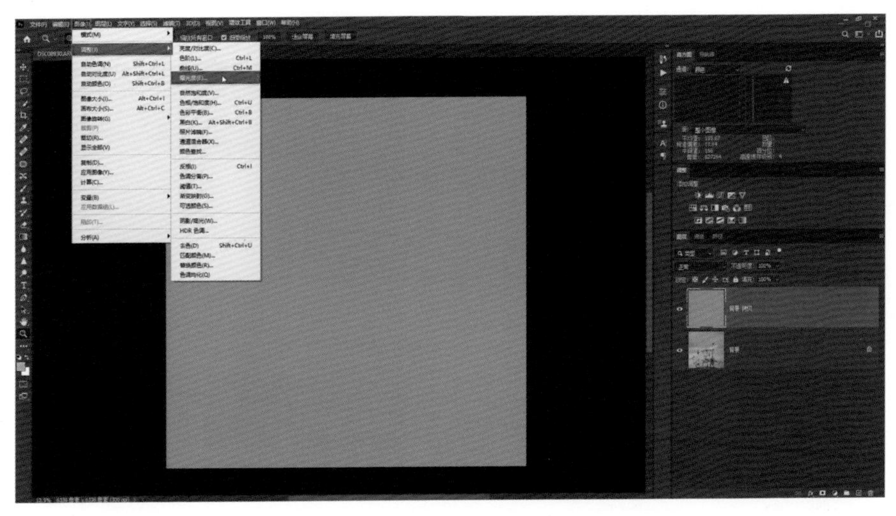

图 5-10

我们想制作出斑驳的感觉，所以该图层肯定要比背景亮。用鼠标按住曲线上的控制点向上拉动曲线，得到合适亮度之后单击“确定”按钮，如图 5-11 所示。

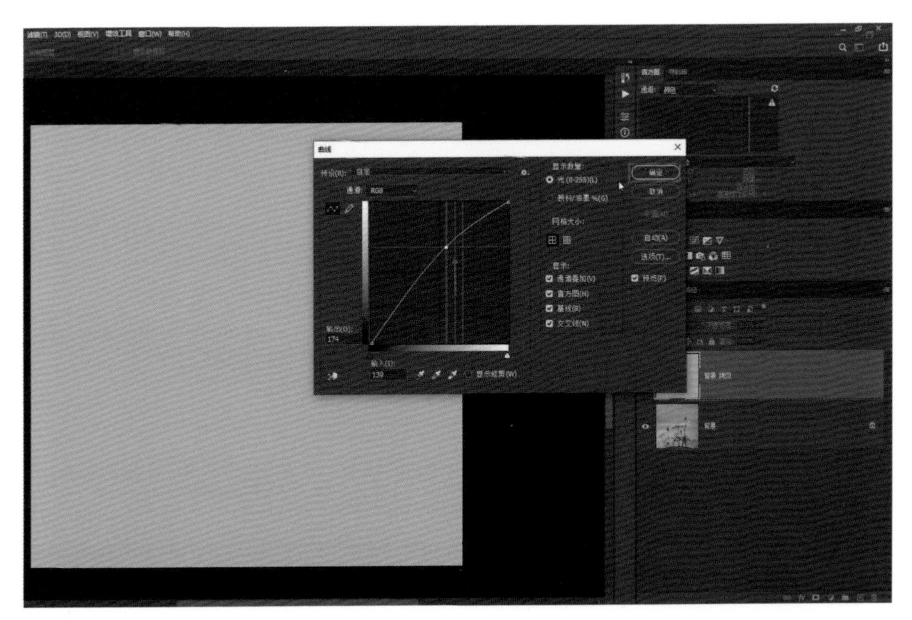

图 5-11

选中拷贝的图层，为图层添加蒙版，单击菜单栏中的“滤镜”，选择“渲染”—“分层云彩”，用“分层云彩”滤镜可以将该纯色图层制作成斑驳的效果，将前景色设置为黑色，如图 5-12 所示。

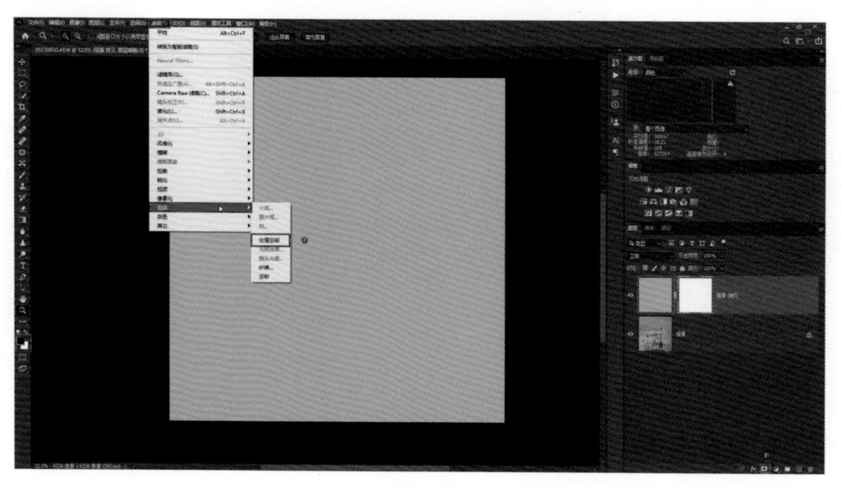

图 5-12

现在画面中的斑驳有点过密了，不太好看，所以需要进行高斯模糊处理，弱化这些细节。单击菜单栏中的“滤镜”，选择“模糊”—“高斯模糊”，将“半径”设置得大一点，单击“确定”按钮，如图 5-13 和图 5-14 所示。

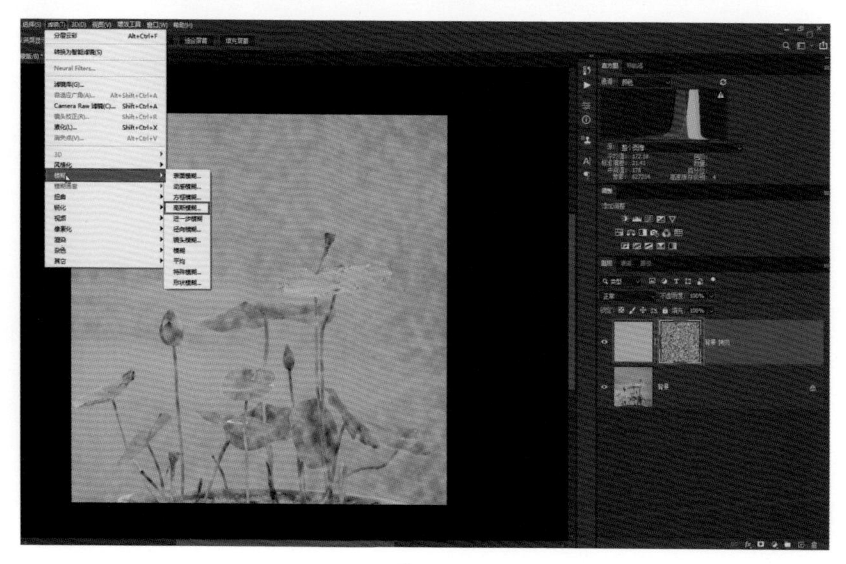

图 5-13

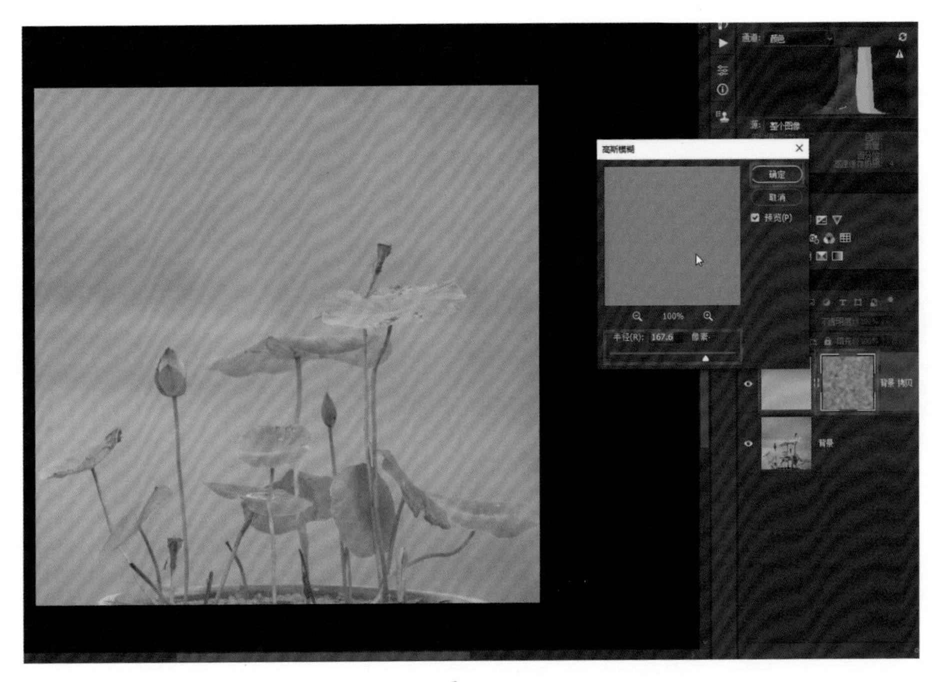

图 5-14

接下来对画面中的黑白分布进行加强，让黑和白对比更为明显。需要创建一个不规则的蒙版选区，单击菜单栏中的“图像”，选择“调整”—“色阶”，用鼠标拖动“输入色阶”中的三角标进行调节，如图 5-15 和图 5-16 所示。

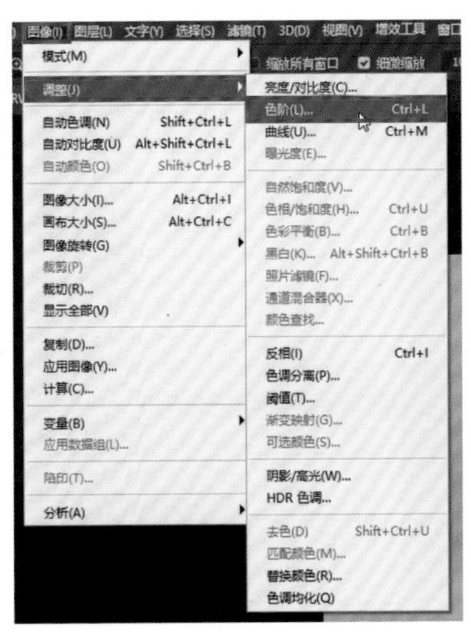

图 5-15

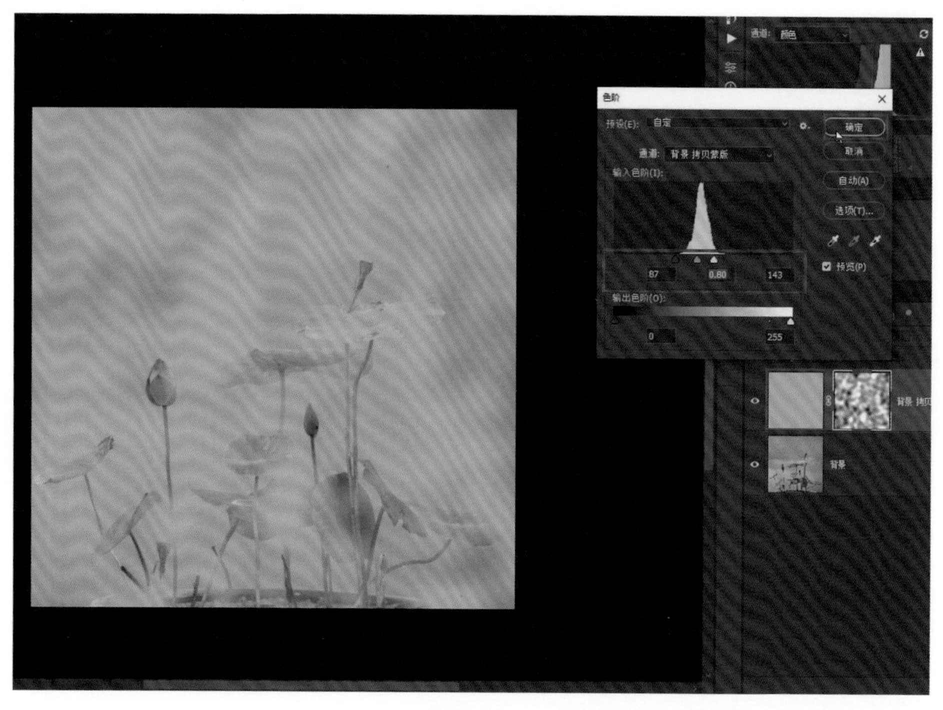

图 5-16

如果觉得斑驳效果太规则了，可以再叠加一次模糊效果。单击菜单栏中的“滤镜”，选择“模糊”—“动感模糊”，设置一个合适的角度，将距离设置得大一点，如图 5-17 和图 5-18 所示。

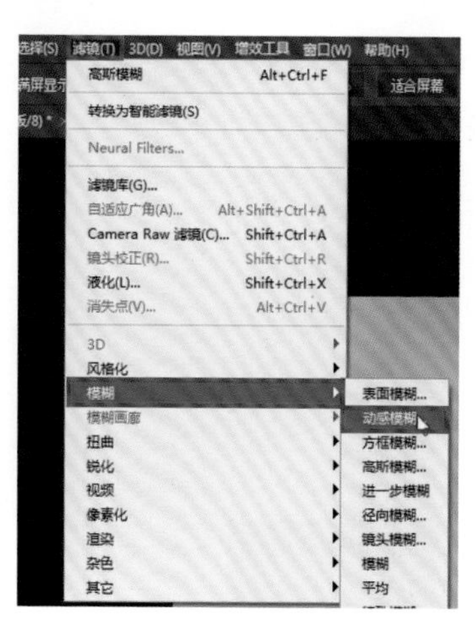

图 5-17

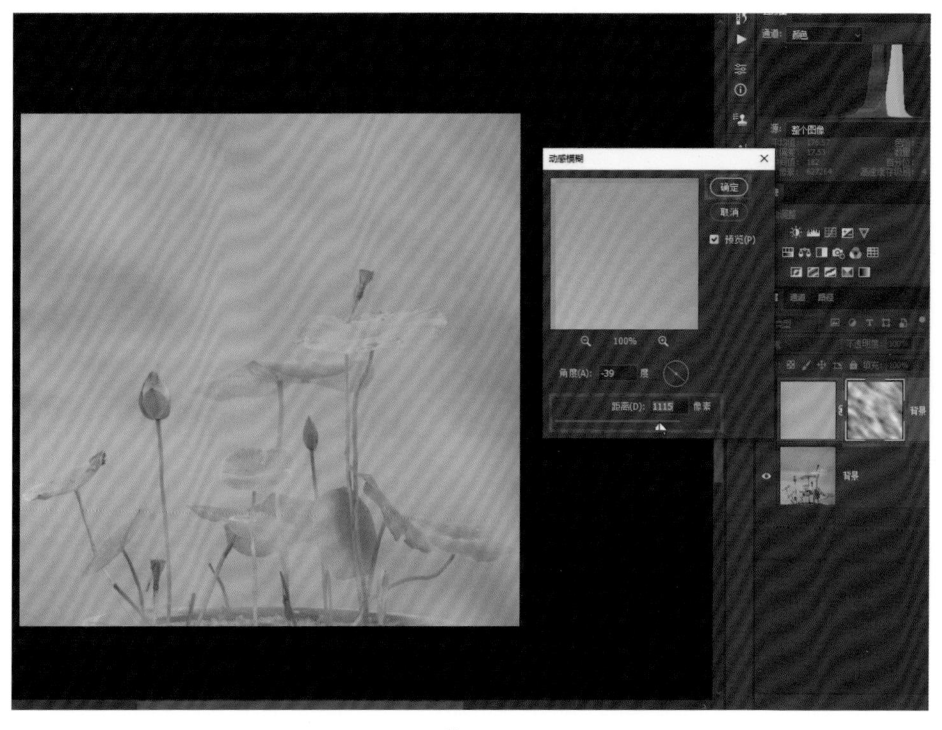

图 5-18

这个时候可以再次加强黑白灰之间的过渡，没有黑白灰的反差，光影就不会明显，如图 5-19 和图 5-20 所示。

图 5-19

图 5-20

将图层混合模式改成“滤色”，可以看到此时的光影效果就很舒服了，如图 5-21 所示。

图 5-21

如果画面中有些地方不想被光影遮盖，可以把它还原回来。选用画笔工具，将前景色设置为黑色，“不透明度”设得低一点，按住鼠标左键进行涂抹，如图 5-22 所示。

图 5-22

擦除盆沿

首先拼合图像，然后复制图层，用吸管工具点取画面中接近的颜色，如图 5-23 所示。

图 5-23

然后使用工具栏中的画笔工具，将“不透明度”设置为45%，操控鼠标将画笔直接覆盖在盆沿上，如图5-24所示。

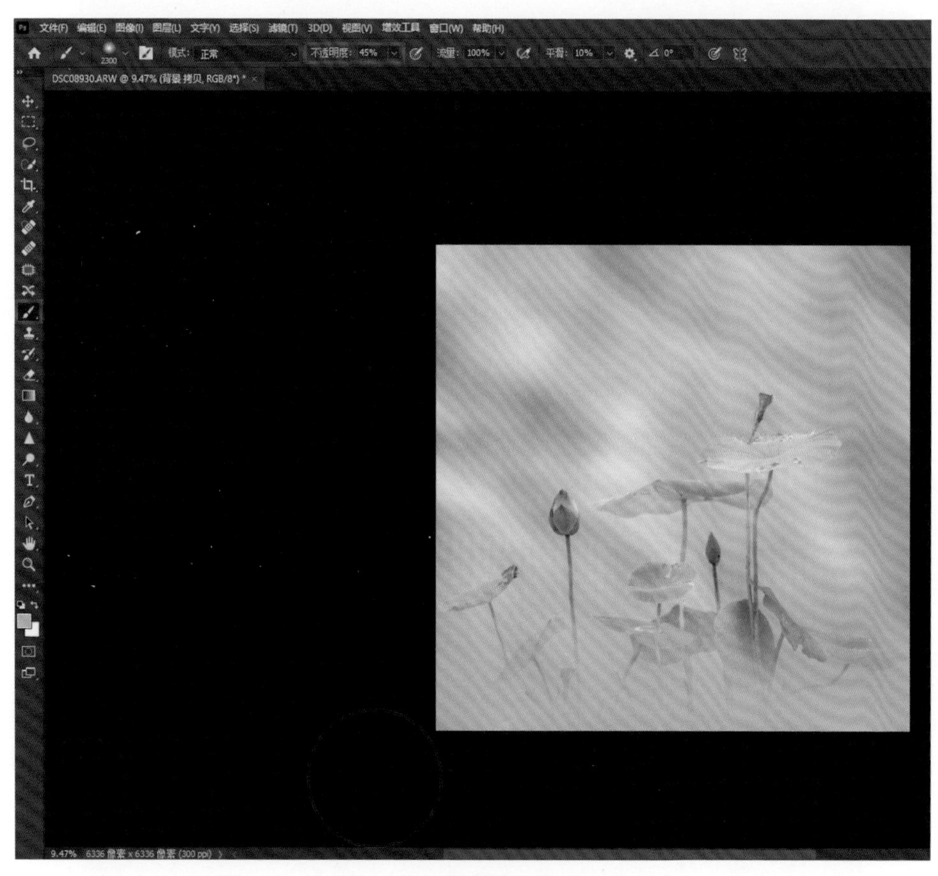

图5-24

加强对比并添加杂色

创建曲线调整图层，通过曲线调整来加强整幅画面的对比，不过也不宜对比太强，这张照片更适合柔美一些的氛围，加强对比主要是为了强化由于背景光照而带来的斑驳感觉，如图5-25所示。

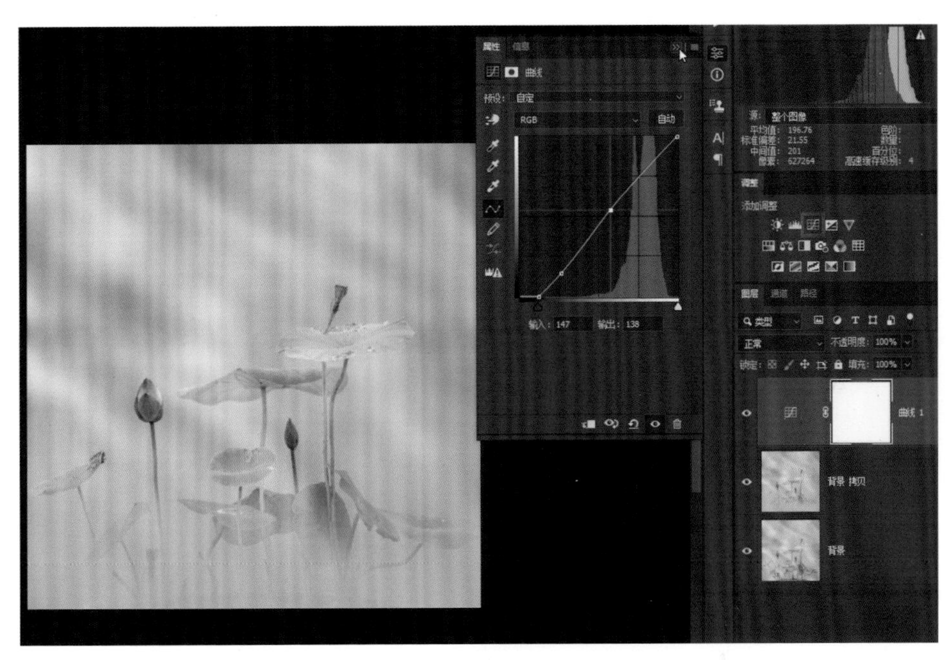

图 5-25

最后添加杂色，让整个画面的质感更加统一。单击菜单栏中的“滤镜”，选择“杂色”—“添加杂色”，如图 5-26 所示。

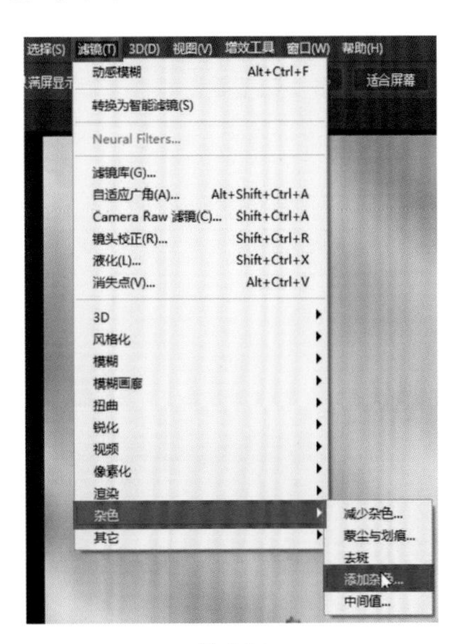

图 5-26

将“数量”设置为1，选择“高斯分布”，勾选“单色”复选框，然后单击“确定”按钮，如图 5-27 所示。这样这张照片就调整完毕了，如图 5-28 所示。

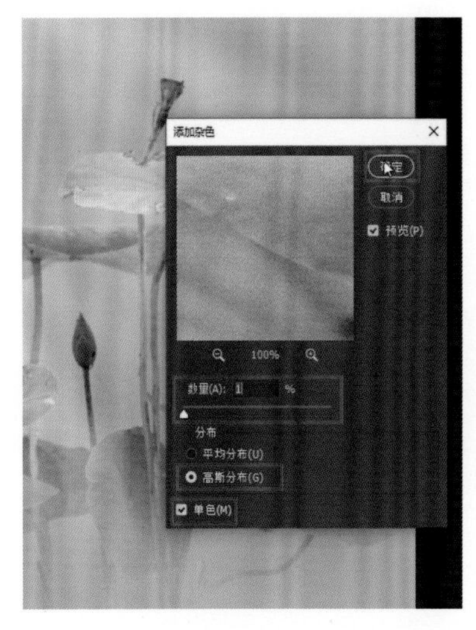

图 5-27

图 5-28

分层云彩是这章内容的核心，它可以用来制作光影效果，并且做出的光影效果是不规则的，因而显得更为自然。对于这张照片，首先是在 ACR 中调整影调，然后运用平均模糊和分层云彩打造出了光影斑驳的效果，用高斯模糊和动感模糊让光影更自然，最后对整个画面进行细节修饰，并添加杂色让画面色调更统一。

6

第6章

利用影调变化突出主题渲染意境

本章讲解如何利用影调变化突出主体，渲染意境。打开照片进入 ACR 的界面，如图 6-1 所示，可以看到这张照片拍摄的是一条高速公路。这位老师利用了高角度拍摄，整个画面有一种俯视大地的感觉，很有气势，而且线条感非常强，再加上周边的云雾营造的意境，给人如入仙境的感觉。但是由于整条路融入背景了，导致画面层次感、空间感被削弱，因而我们需要把这条路与背景进行一定程度的剥离，并且还要为画面加强空间感。

处理后的照片如图 6-2 所示，可以看到层次和空间感跟原图差别非常大，形成了近处清晰，远处的空间感和层次感展开的效果，整个画面看起来更有意境。

图 6-1

图 6-2

调整整体影调

首先单击“自动”按钮，如图 6-3 所示，提亮整体画面。

图 6-3

观察到画面中噪点很重，所以切换到“细节”面板，提高“减少杂色”的值，提高一点“锐化”的值，如图 6-4 所示。

图 6-4

要反复观察，反复调整，再次切换到“基本”面板，对影调进一步微调，如图 6-5 所示。这样处理完后，整个画面给人的感觉就完全不一样了。

图 6-5

切换到“混色器”面板，选择目标调整工具，在树木的位置按住鼠标左键并向右滑动，这样就能提亮树木区域，如图 6-6 和图 6-7 所示。

图 6-6

图 6-7

这个时候就可以在 PS 中打开图像，如图 6-8 所示，单击“打开”按钮，进入 PS 操作界面。

图 6-8

分区域调节打造空间感

先对画面中的主体进行保护，画面的主体就是这条公路。单击菜单栏中的“选择”，选择“主体”，就可以把画面中的公路选择出来，如图 6-9 和图 6-10 所示。

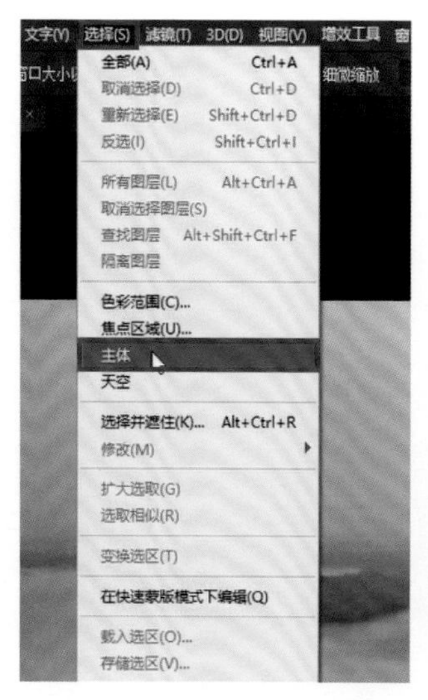

图 6-9

图 6-10

选区内不属于公路的部分用快速选择工具的“从选区减去”模式，将这些地方减掉，如图 6-11 所示。漏选的部分则用“添加到选区”的模式补选，如图 6-12 所示。

图 6-11

图 6-12

这样就将完整的主体选取出来了，然后单击菜单栏中的“选择”，选择“反选”，如图 6-13 所示。

图 6-13

进行反选之后创建曲线调整图层，用鼠标按住曲线上暗部的控制点并向上拖动，将曲线向上拉伸，可以看到画面中所有暗部均被立竿见影地提亮了，如图 6-14 所示。

图 6-14

双击“曲线 1”图层的蒙版，打开“属性”面板，提高“羽化”的值，使得边缘能够更好地过渡就可以了，如图 6-15 所示。

图 6-15

接下来一步很重要。这张照片中近景的地方一定是清晰的，特别是这些树木。在“图层”面板中，双击“曲线 1”图层的空白处，打开“图层样式”对话框，找到混合选项中的混合颜色带，选择“蓝”以对暗部进行拆分。按住键盘上的“Alt”键然后用鼠标拖动才能把三角标的两个三角滑块进行拆分，然后从混合颜色带下拉菜单中选择“绿”进行调整，这样子拆分完之后使得过渡效果就很漂亮，如图 6-16 和 6-17 所示。

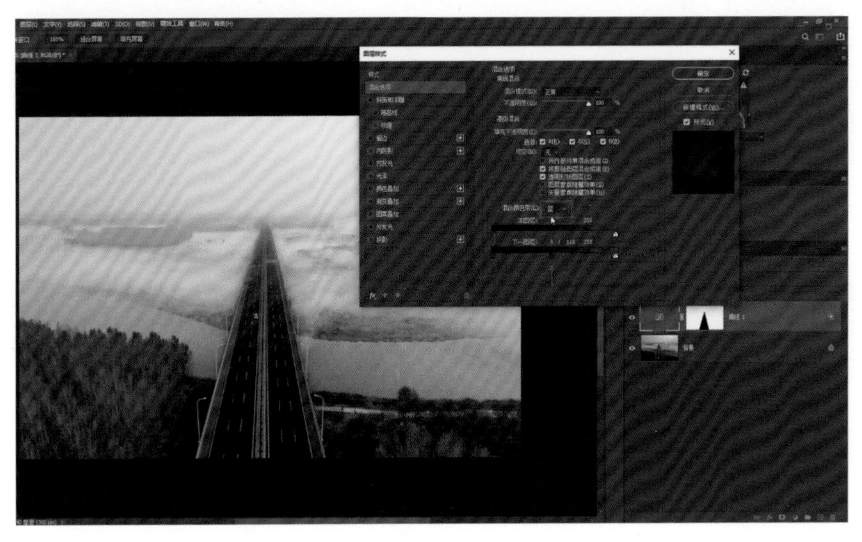

图 6-16

图 6-17

然后用渐变工具，将前景色设为黑色，选择“前景色到透明渐变”，选择径向渐变，“不透明度”的值设得小一点，按住鼠标左键并在画面中拖动，使画面过渡更自然，如图 6-18 和图 6-19 所示。

图 6-18

图 6-19

创建色相 / 饱和度调整图层，降低一点“色相”的值，不过不要降得太多，增加“饱和度”的值，如图 6-20 所示。

做完之后就需要用曲线进行整体调整，创建曲线调整图层，将曲线调整为平缓的 S 形，让整个画面的对比度、通透度得到增强，如图 6-21 所示。

图 6-20

图 6-21

创建自然饱和度调整图层，提高“自然饱和度”的值，如图 6-22 所示。自然饱和度和饱和度的区别是，增加自然饱和度会增加画面中颜色不饱和区域的饱和度，而增加饱和度则是增加整个画面的饱和度。

图 6-22

减少杂色去除噪点

最后，由于画面中噪点还是有点严重，需要进行降噪处理。首先拼合图像，然后复制图层，单击菜单栏中的“滤镜”，选择“杂色”—“减少杂色”，如图 6-23 所示。

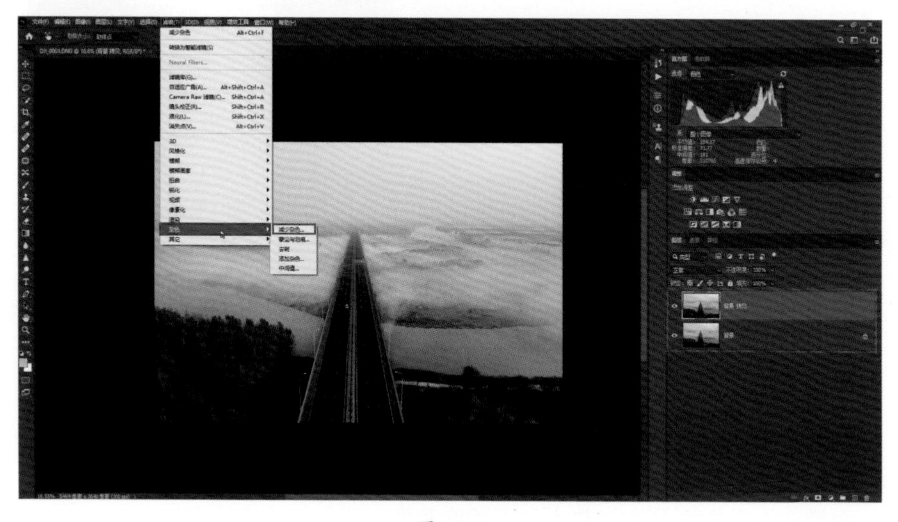

图 6-23

这里将“强度”的值设得大一点，“保留细节”值小一点，“减少杂色”的值多一点，单击“确定”按钮，如图 6-24 所示。这样这张照片就调整完毕了。

图 6-24

7

第7章

用特殊滤镜营造柔美写意灰调

本章讲解如何用特殊滤镜营造柔美写意灰调。大家可以看到这样一张照片，如图 7-1 所示。相信很多朋友都有拍摄鸟或花这种需要一个人能够静得下心来创作的题材。首先这张照片构图不够饱满，环境部分又没有什么特点，所以可能很多人就把这张照片丢掉了。但是由于其背景很简洁，将其制作成写意的灰调效果会是个不错的选择。倒不是说背景是灰色的就要给它做成灰调，除灰调处理外还可以进行艺术化的处理。

图 7-1

处理后效果如图 7-2 所示。整个画面具有灰调写意的效果，添加的雪花给人一种冷调的感觉。

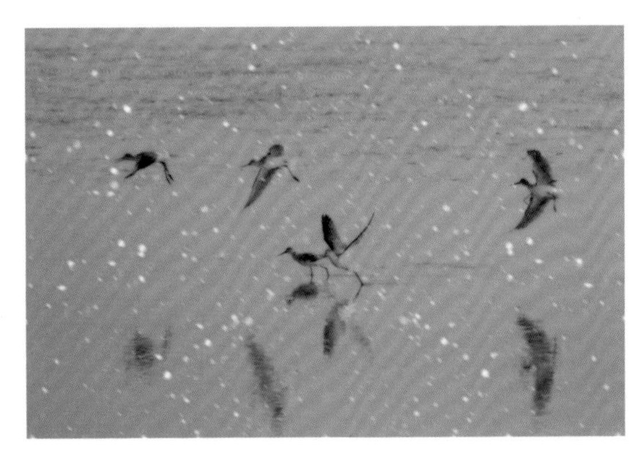

图 7-2

调整整体影调

尽管原图就已经非常适合做灰调效果了，但是仅仅背景是灰的是远远不够的，在调整影调之前，我们首先需要进行重新构图。选择裁剪工具，在鸟飞翔的方向上，也就是画面左边多留一点空间，这样构图会让画面显得相对比较饱满，如图 7-3 所示。

图 7-3

然后单击“自动”按钮，在此基础上对参数进行进一步调整，即提高“去除薄雾”的值，将“色温”和“色调”的值都降低，如图 7-4 所示。

图 7-4

接下来就需要到 PS 界面中进行进一步调整。单击右下角的“打开”按钮，如图 7-5 所示。

图 7-5

打造写意效果

首先使用工具栏中的污点去除工具，将地面上这些脏乱的点大致去除掉，如图 7-6 所示。

图 7-6

按键盘上的“Ctrl+J”组合键复制图层，单击菜单栏中的“滤镜”，选择“滤镜库”，如图 7-7 所示。

在艺术效果分组中选择“彩色铅笔”，提高“描边压力”和“纸张亮度”的值，使画面以灰调为主，可以看到铅笔触感的效果已经出来了，这就是我们想要的效果，点击“确定”按钮，如图 7-8 所示。

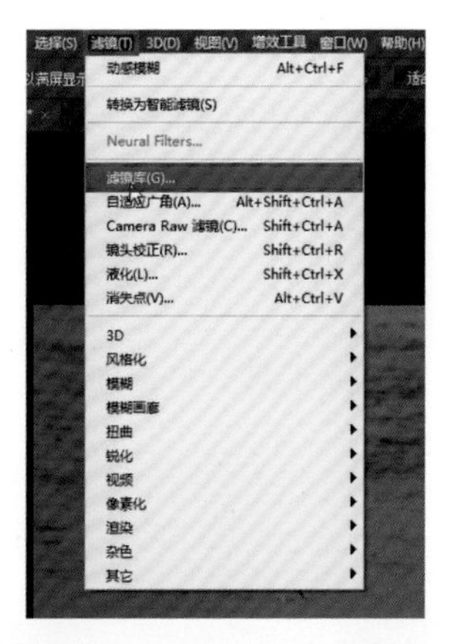

图 7-7

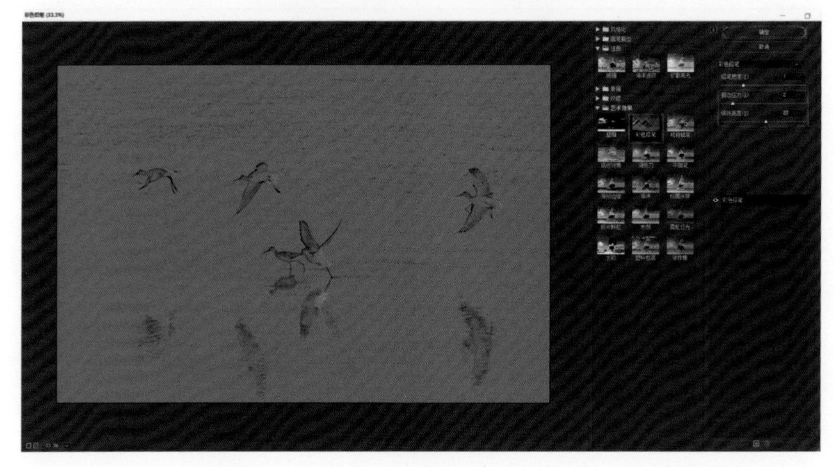

图 7-8

但是经过上述调整，飞鸟的细节就变少了。这时可以在“背景 拷贝”图层的空白处双击，打开“图层样式”对话框，找到混合选项里的混合颜色带。选择混合颜色带后列表中的灰色，可以看到下方有两个由黑到白的渐变条。上方的渐变条对应的是当前选择的图层由黑到白的明暗层次，下方渐变条对应的是下方图层由黑到白的明暗层次。每个渐变条上又有两个亮度不同的滑块，两个滑块中间对应的明暗层次是照片中参与混合的明暗部分。按住键盘上的“Alt”键并点住某个滑块进行拖动，即可对该滑块进行拆分，拆分开的两个小滑块中间的部分，对应的是照片中参与混合与不参与混合的过渡。

按住键盘上的“Alt”键并单击下一图层的暗部滑块，可以对其进行拆分。向右拖动拆分出来的右侧滑块，这样可以让下方图层在最终合成画面中显示出更多暗部细节。继续按住“Alt”键并单击本图层的高光滑块进行拆分，向左拖动拆分出来的左侧滑块，可以让上方图层在最终合成画面中显示出更多亮部细节。最后单击“确定”按钮，如图 7-9 所示。

图 7-9

这样细节就已经还原回来了，但是整个画面的感觉还是不够写意，尤其是背景部分，希望能够亮丽一些。先拼合图像，然后复制图层，再次进入滤镜库，如图 7-10 所示。

图 7-10

选择扭曲分组里的“扩散高光”，稍微提高“清除数量”和“发光量”的值，注意不要提高得太多，单击“确定”按钮，如图 7-11 所示。

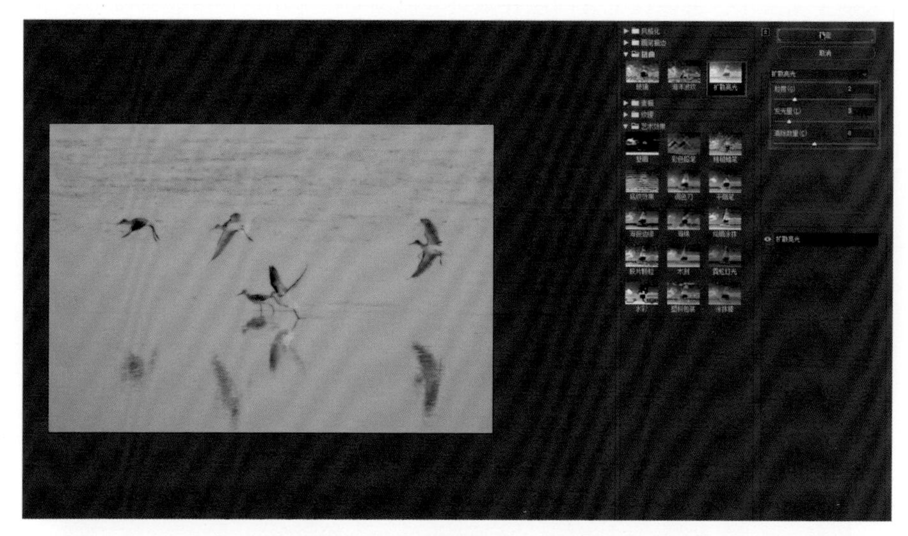

图 7-11

现在色调有点过于亮丽了，可以添加一个照片滤镜来调节。单击“照片滤镜”的按钮，选择“Underwater”，如图 7-12 所示。

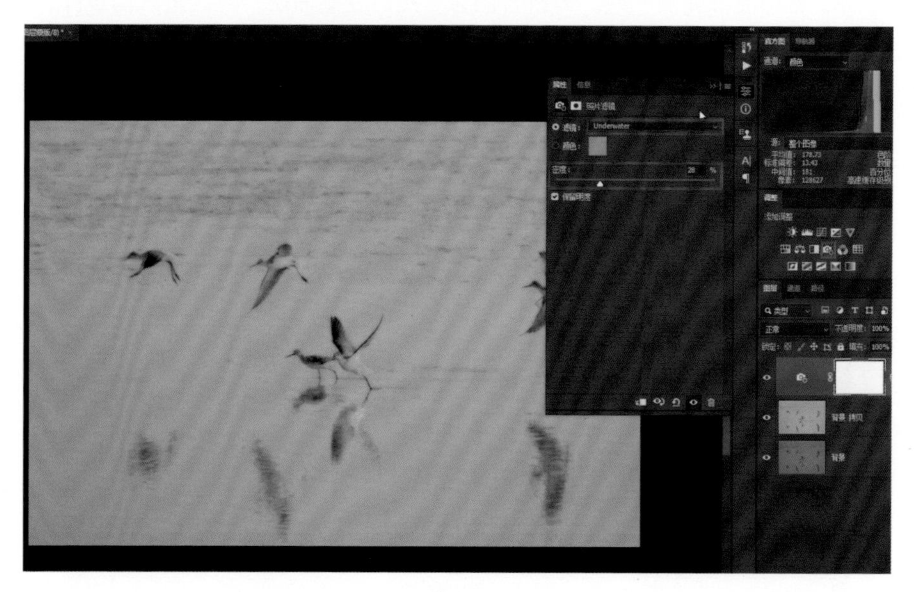

图 7-12

再创建一个照片滤镜调整图层，这次选择深色滤镜“Deep Emeraid”，应用两个照片滤镜共同打造想要的画面效果，如图 7-13 所示。

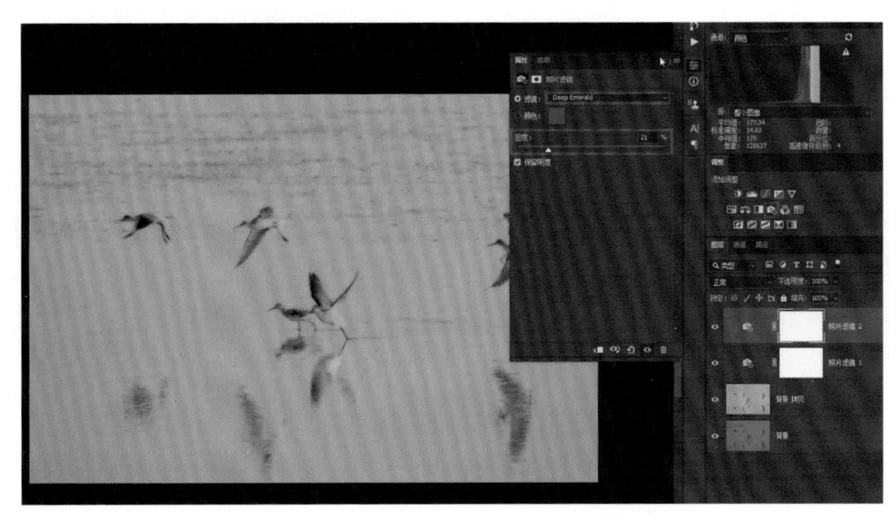

图 7-13

然后创建曲线调整图层，用鼠标向下拖动曲线上的控制点，向下拉动曲线以稍微压暗画面，如图 7-14 所示。照片滤镜的色调可以再浅一点，单击“照片滤镜 1”图层，将“密度”值稍微降低一些，如图 7-15 所示。

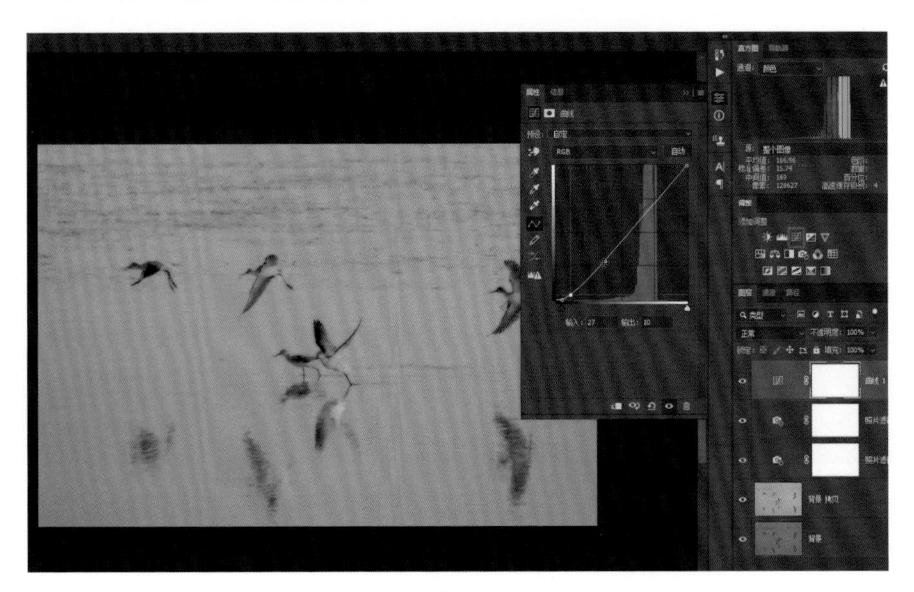

图 7-14

图 7-15

如果觉得画面还是饱和度过高，可以创建色相 / 饱和度调整图层，稍微降低“饱和度”的值，如图 7-16 所示。

图 7-16

添加雪花素材

接下来添加雪花素材，将素材上下两个方向都拉伸，让素材填满整个画布，如图 7-17 所示。

在素材上单击鼠标右键，在弹出的菜单中选择“栅格化图层”，使素材图层栅格化，并且将图层混合模式改成“滤色”，如图 7-18 和图 7-19 所示。

图 7-17

图 7-18

图 7-19

单击“添加图层蒙版”按钮给素材添加一个蒙版，将前景色设置为黑色，选择画笔工具，“不透明度”值设为 100%，把素材中那些特别大的雪花擦除，因为不能让雪花遮挡画面中的细节，如图 7-20 所示。

图 7-20

如果觉得一层雪花的效果不够，可以再复制一层雪花图层，然后单击菜单栏中的“编辑”，选择“自由变换”，如图 7-21 所示。

图 7-21

在画面任意处单击鼠标右键，在弹出的菜单中选择“水平翻转”，如图 7-22 和图 7-23 所示，让画面中的雪下得更大一些。

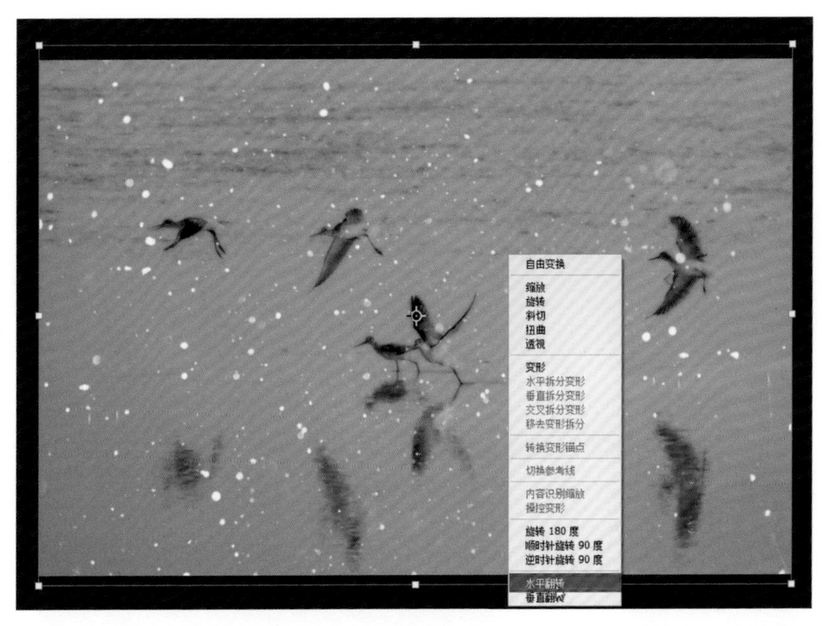

图 7-22

图 7-23

可以把两个素材图层合并，按住“Shift”键并单击鼠标左键选中两个图层，在所选图层空白处单击鼠标右键，在弹出的菜单中选择“合并图层”，如图 7-24 所示。

图 7-24

合并图层之后再把图层混合模式改为“滤色”，如图 7-25 所示。

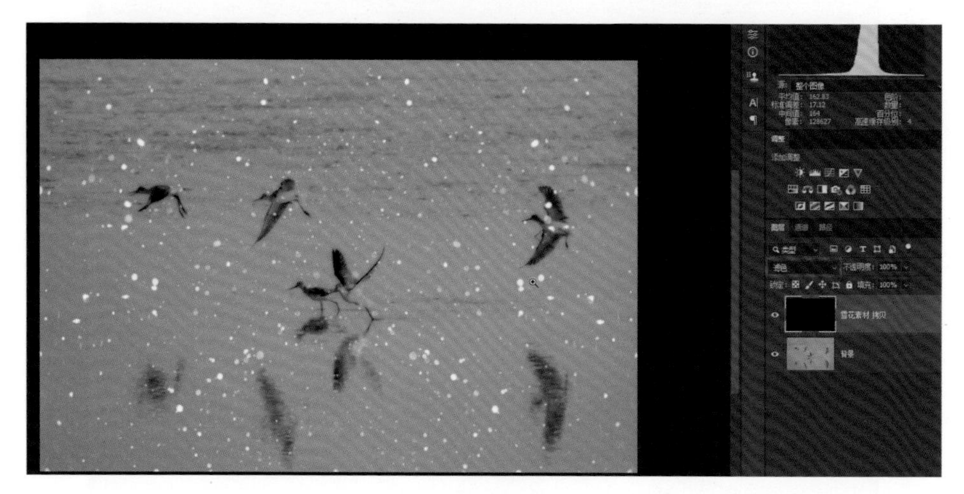

图 7-25

可以给雪花加一点动感效果，在飞鸟的前进的方向上加一点动感模糊，不过不要加太多。单击菜单栏中的“滤镜”，选择“模糊”—“动感模糊”，调节一个合适的模糊角度，“距离”的值设置为 17 像素，如图 7-26 和图 7-27 所示。可以看到经过这样的处理之后效果就很好，画面也显得更加真实，这张照片就处理完毕了。

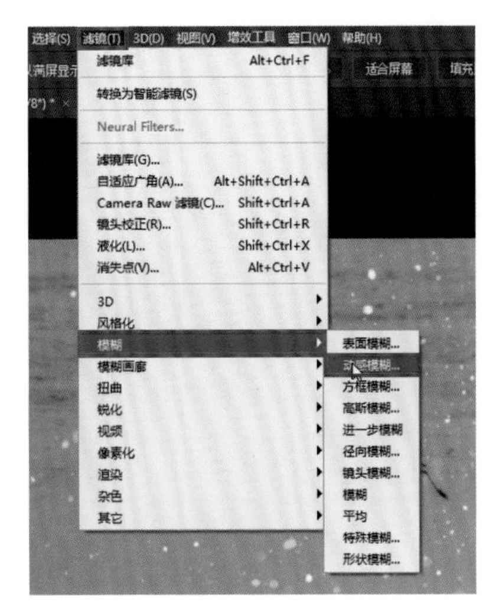
选择(S)
滤镜(T)
3D(D)
视图(V)
增效工具
窗口(W)
帮助(H)
适合屏幕
滤镜库 Alt+Ctrl+F
转换为智能滤镜(S)
Neural Filters...
滤镜库(G)...
自适应广角(A)... Alt+Shift+Ctrl+A
Camera Raw 滤镜(C)... Shift+Ctrl+A
镜头校正(R)... Shift+Ctrl+R
液化(L)... Shift+Ctrl+X
消失点(V)... Alt+Ctrl+V
3D
风格化
模糊
模糊画廊
扭曲
锐化
视频
像素化
渲染
杂色
其它
表面模糊...
动感模糊...
方框模糊...
高斯模糊...
进一步模糊
径向模糊...
镜头模糊...
模糊
平均
特殊模糊...
形状模糊...

图 7-26

动感模糊
确定
取消
预览(P)
100%
角度(A): -39 度
距离(D): 17 像素

图 7-27

8

第8章

如何使用亮度蒙版精准调整照片影调

本章讲解如何使用亮度蒙版精准调整照片影调。相信大家都通过各种渠道听说过“亮度蒙版”这个专业词汇，但是很多人知其然却不知其所以然。亮度蒙版到底是什么呢？本章将用图 8-1 所示的照片作为案例来给大家进行介绍。这张照片拍摄的是海边的石头，由于其影调层次很丰富，所以选择这样的照片作为案例给大家讲解什么是亮度蒙版，以及怎么使用它更合适。处理后的效果如图 8-2 所示，可以看到画面既有明暗变化，又具有层次和意境。

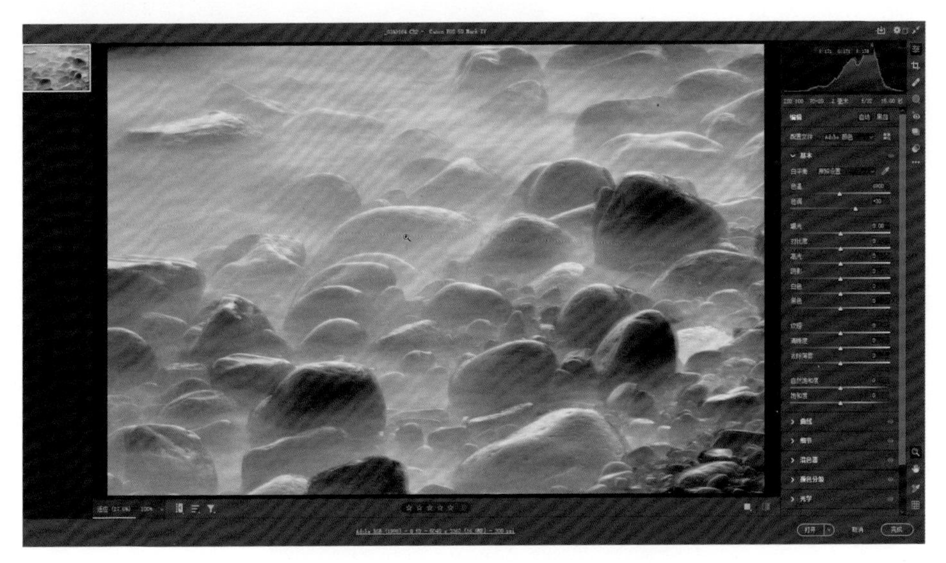

图 8-1

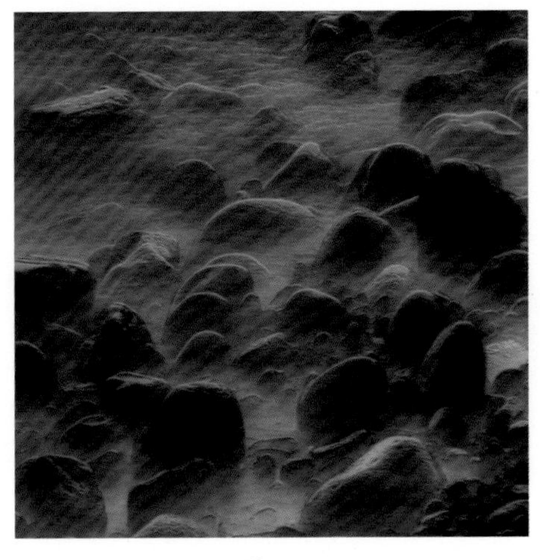

图 8-2

其实大部分的作品只要涉及影调调整，都会用到亮度蒙版。亮度蒙版其实分布在很多个区域，比如最常用的通道选区就是亮度蒙版，还有就是ACR 13.3 以上版本中也有亮度蒙版，例如线性渐变蒙版，如图 8-3 所示。还有一些亮度蒙版在混合颜色带里面，后面会用到混合颜色带的调整，先给大家看一下效果。

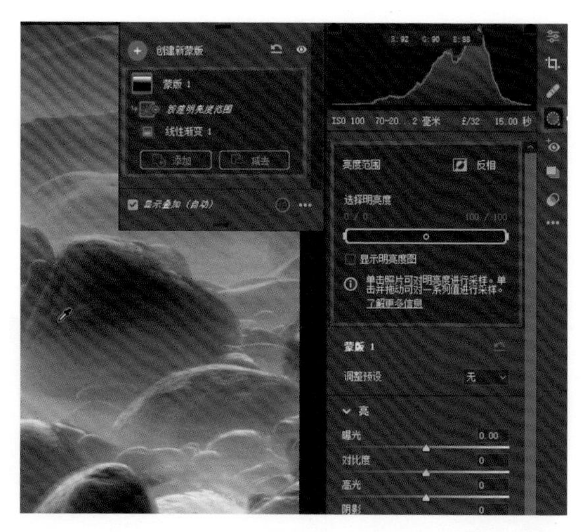

图 8-3

调整整体影调

首先对照片进行简单的调整，把它的影调、层次恢复回来。单击“自动”按钮，降低“饱和度”的值，将“色温”滑块往黄方向移一些，将“色调”滑块往洋红方向移一些，如图 8-4 所示。

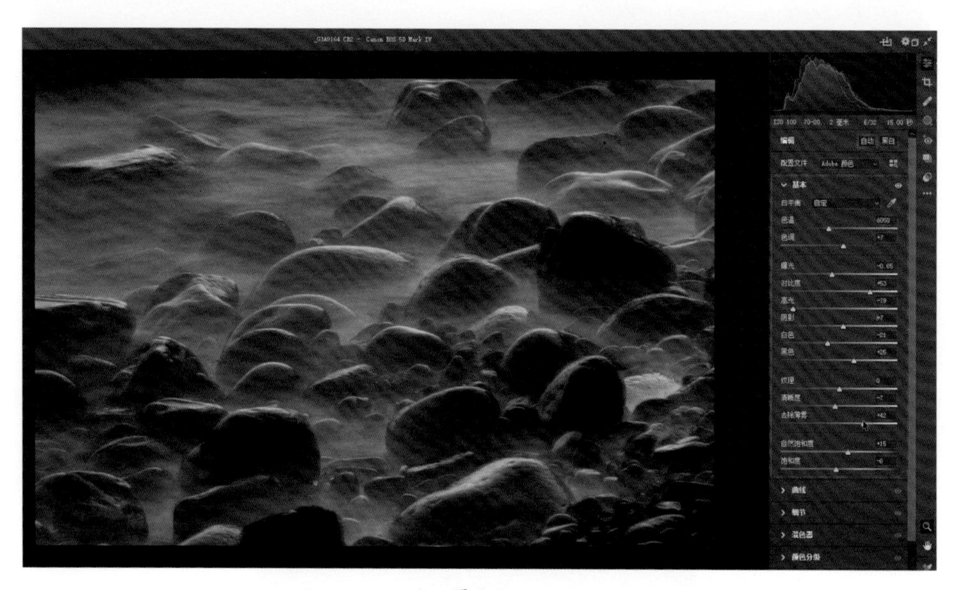

图 8-4

然后单击“打开”按钮，进入 PS 操作界面，如图 8-5 所示。

照片左上角颜色有点深，可以用套索工具将该区域选中，然后在选区内单击鼠标右键，在弹出的菜单中选择“填充”，在“填充”对话框中将“内容”设定为“内容识别”，如图 8-6 到图 8-8 所示。

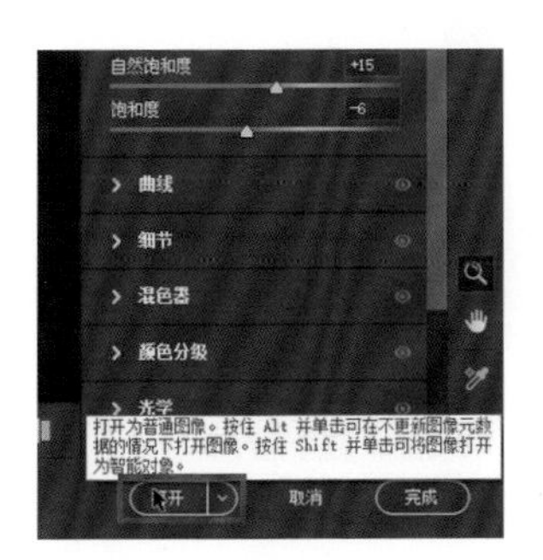

图 8-5

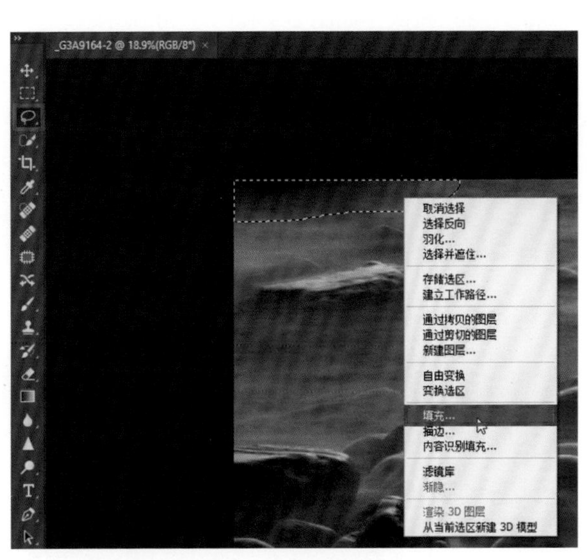

图 8-6

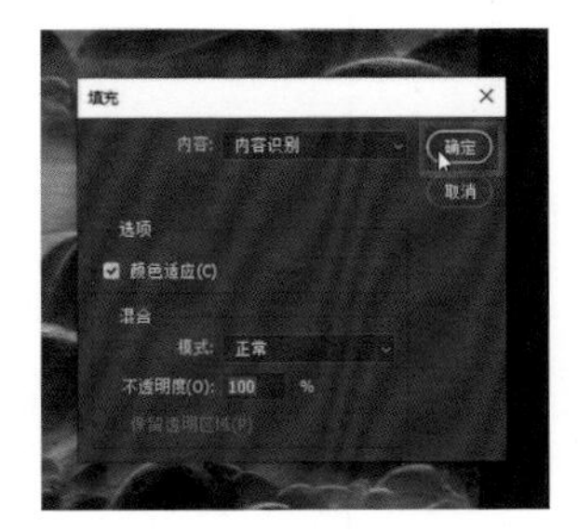

图 8-7

图 8-8

扩展画布

对这张照片进行重新构图。先解锁图层，然后选择裁剪工具，选择“1:1（方形）”裁剪比例，用鼠标拖动裁剪边框的角或边缘手柄进行构图，构图完成后单击“√”图标确认，如图 8-9 和图 8-10 所示。

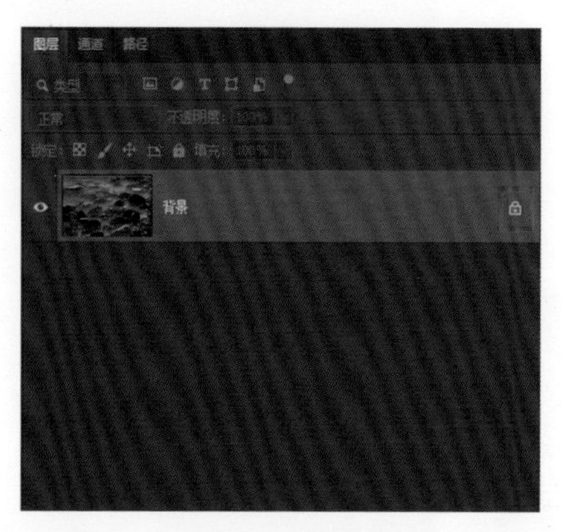

图 8-9

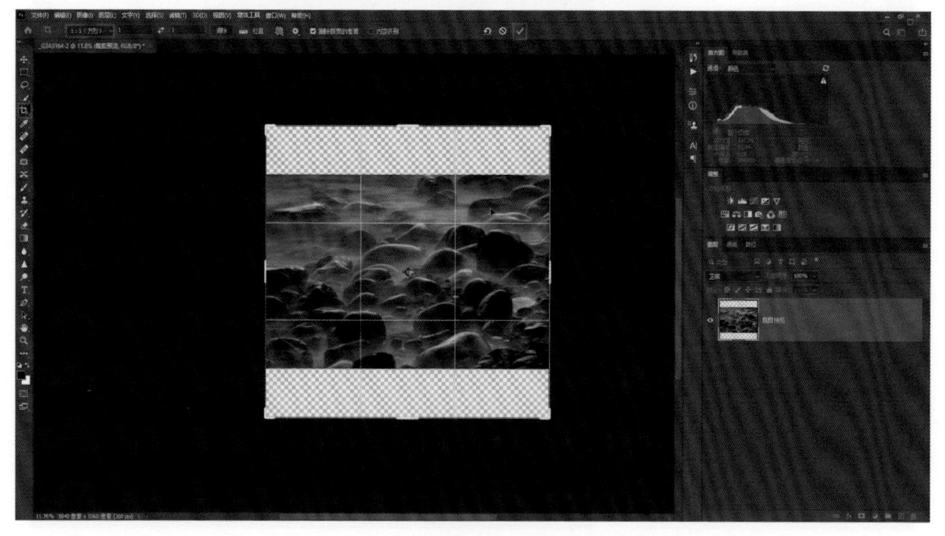

图 8-10

通过键盘上的“Ctrl+T”组合键进行自由变换，用鼠标拖动边框让图像充满画布，然后在图层空白处单击鼠标右键，在弹出的菜单中选择“拼合图像”，如图 8-11 和图 8-12 所示。

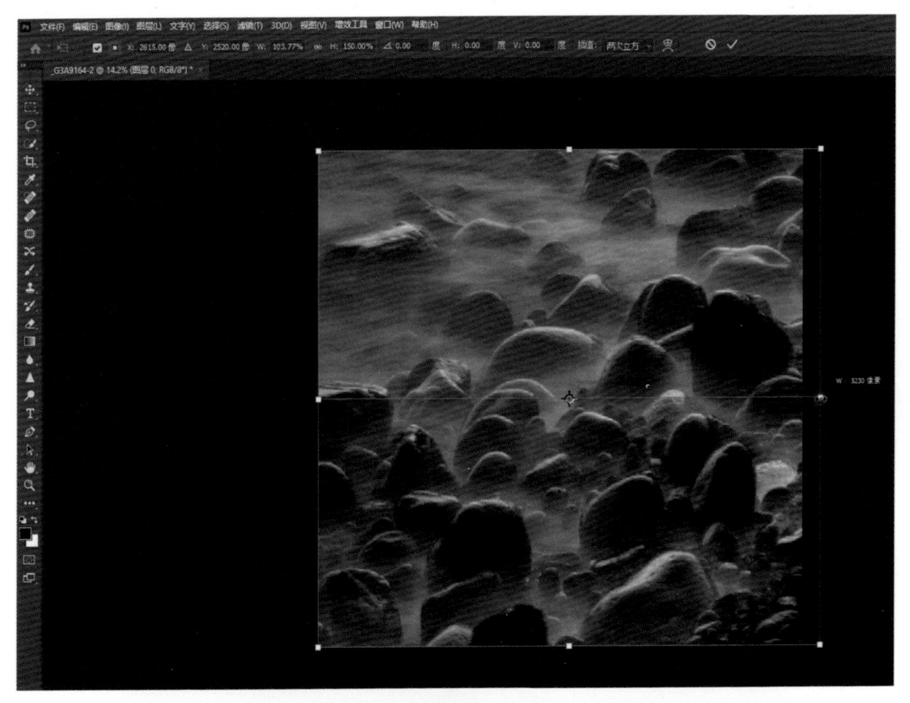

图 8-11

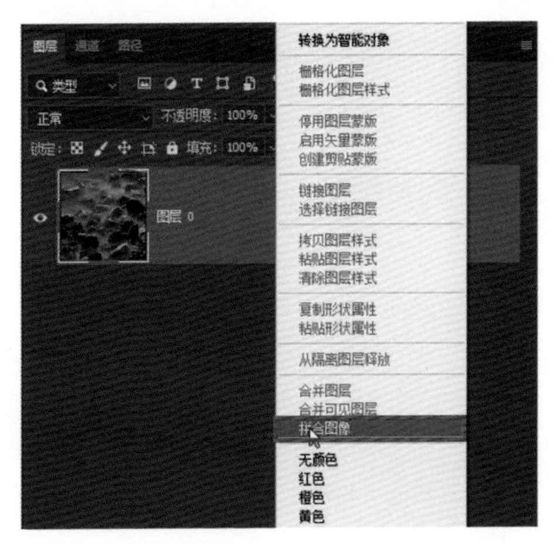

图 8-12

用工具栏中的套索工具选中画面中突兀的石头，在选区内单击鼠标右键，在弹出的菜单中选择“填充”，然后跟前面操作一样，进行内容识别填充，如图 8-13 和图 8-14 所示。

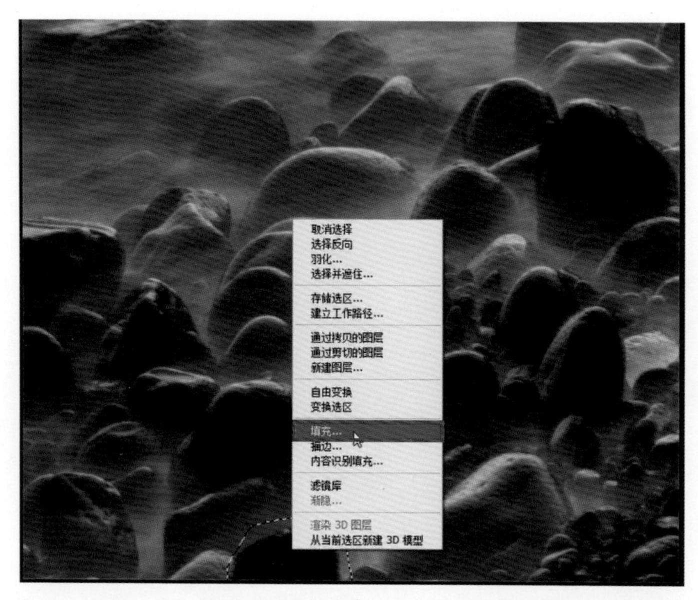
取消选择
选择反向
羽化...
选择并遮住...
存储选区...
建立工作路径...
通过拷贝的图层
通过剪切的图层
新建图层...
自由变换
变换选区
填充...
描边...
内容识别填充...
滤镜库
渐隐...
渲染 3D 图层
从当前选区新建 3D 模型

图 8-13

图 8-14

然后用仿制图章工具涂抹不自然的部位，使被内容识别的部位边缘过渡自然，如图 8-15 所示。

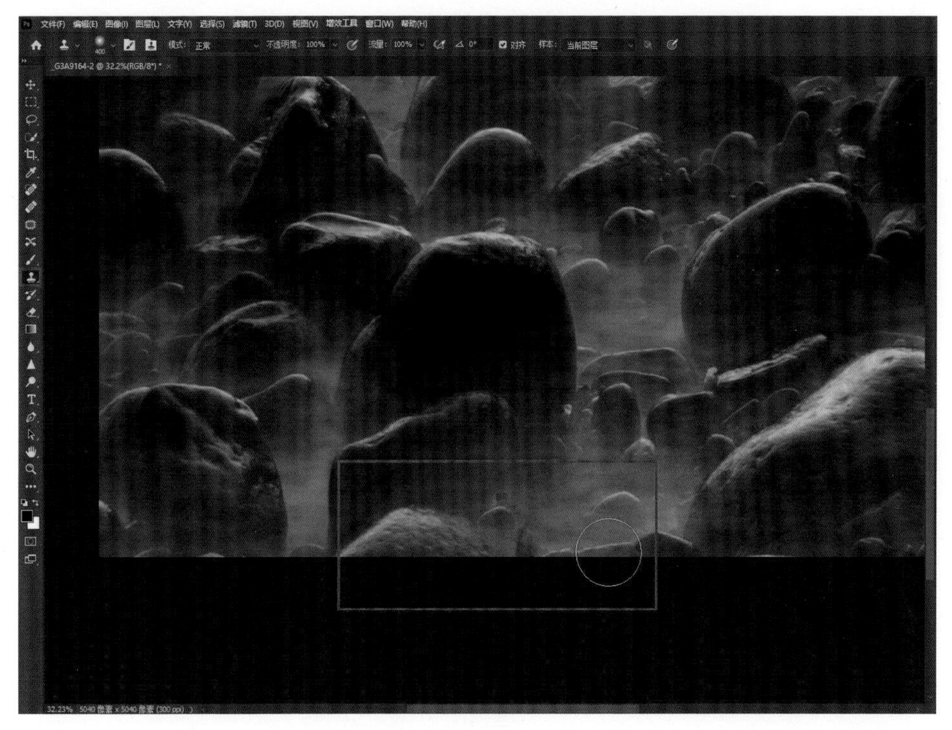

图 8-15

打造柔美效果

接下来通过键盘上的“Ctrl+J”组合键复制图层，然后单击菜单栏中的“滤镜”，选择“模糊”—“高斯模糊”，如图 8-16 所示。由于要达到能够看到石头，但是看不清楚石头的轮廓的模糊效果，所以半径的值要稍微大一点，设置完毕后单击“确定”，如图 8-17 所示。

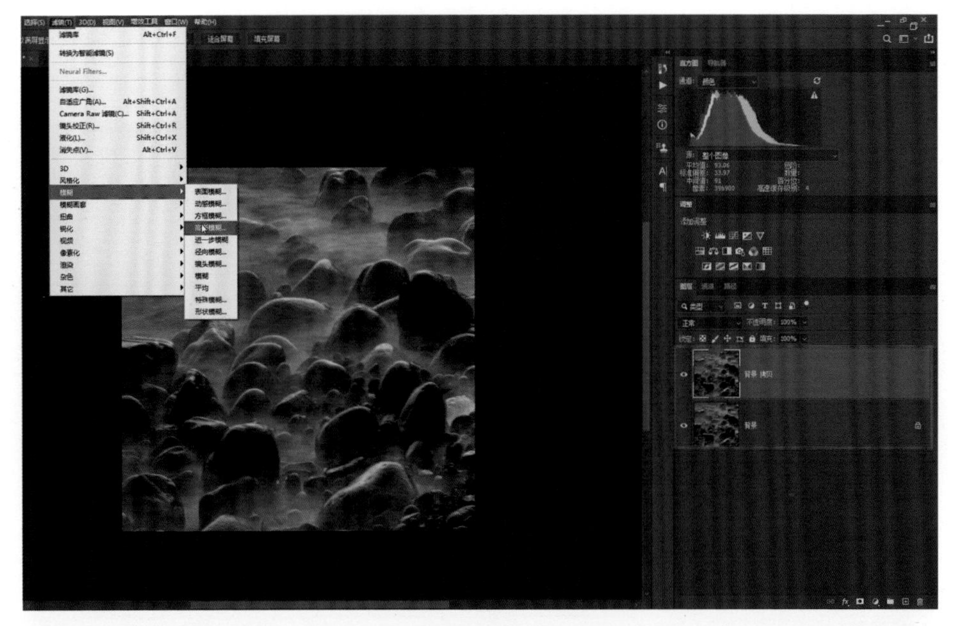

图 8-16

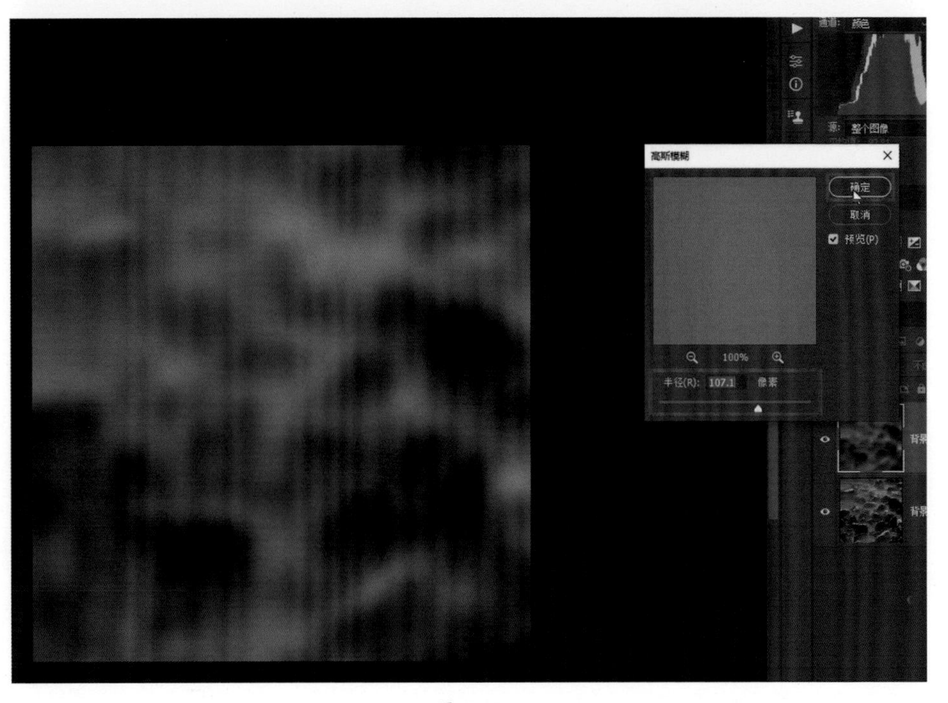

图 8-17

然后单击菜单栏中的“滤镜”，选择“滤镜库”，进入滤镜库找到扭曲分组中的“扩散高光”，这个滤镜可以使高光呈现出柔美的亮色调，而它正是我们想要的效果。不过“发光量”和“清除数量”的值都不宜过高，并且因为要有模糊的效果，所以提高“粒度”的值以平衡模糊效果，相当于给画面中添加了一些杂色，完成后单击“确定”，如图 8-18 和图 8-19 所示。

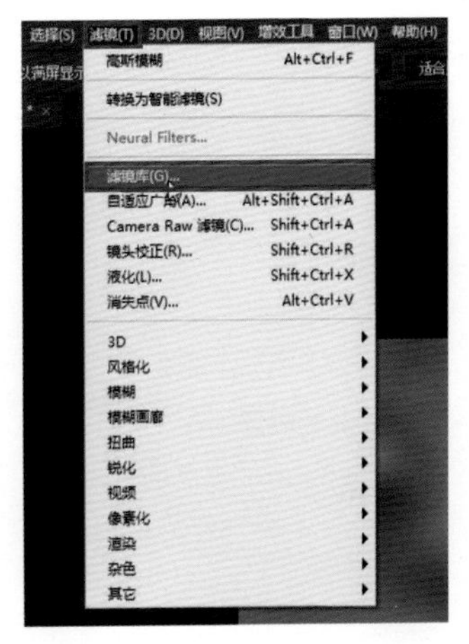

图 8-18

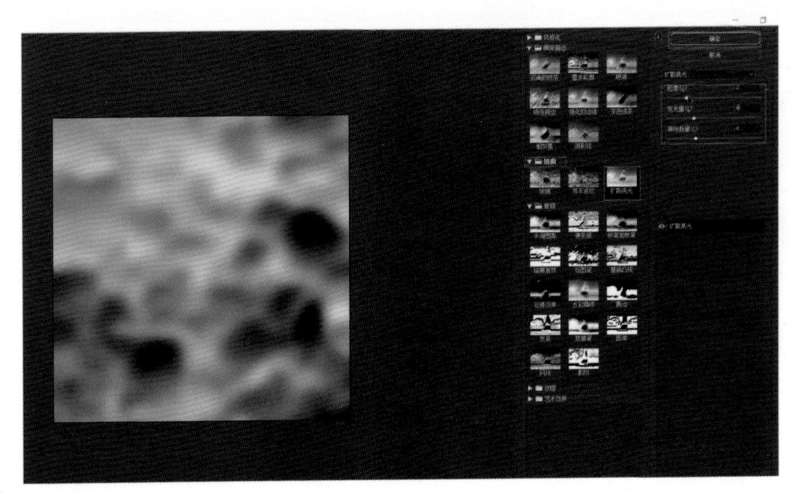

图 8-19

高光效果已经做好了，接下来就是亮度蒙版大显身手的时候。我只想让高光部分呈现出朦胧的效果，而暗部的石头还是要清晰表达。双击“背景 拷贝”图层的空白处，打开“图层样式”对话框，找到混合选项的混合颜色带，按住“Alt”键同时用鼠标拖动三角标，通过拖动本图层的滑块，用户可以隐藏当前图层中特定亮度范围的像素，而拖动下一图层滑块，则可以使下面图层中相应亮度范围的像素穿透上面的图层，如图 8-20 所示。

将“不透明度”和“填充度”的值稍微降低一点，让画面更加自然，这样就得到了很柔美的画面，如图 8-21 所示。

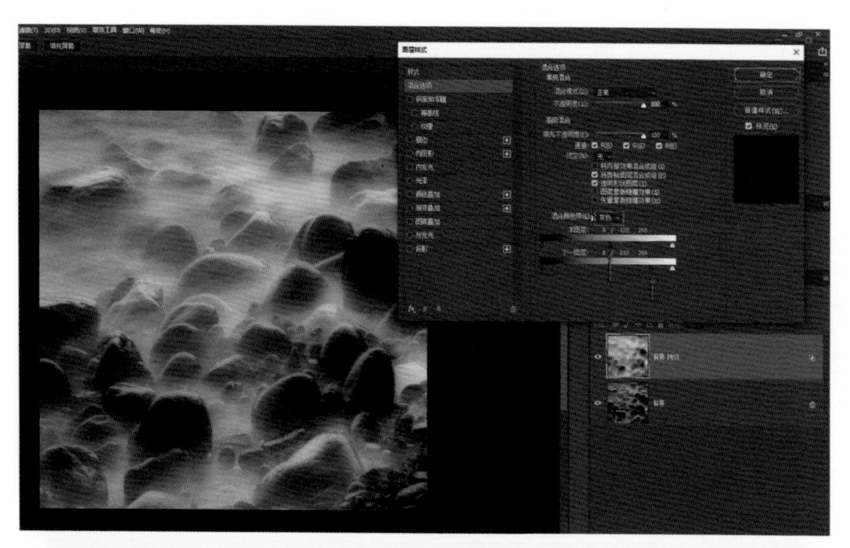

图 8-20

图 8-21

基底凸现添加质感

再次拼合图像，然后复制图层，到滤镜库里找到“素描”分组里的“基底凸现”，提高“细节”和“平滑度”的值，如图 8-22 所示。这个滤镜会在增强画面的立体感的同时，压平高光和暗部，让整个画面影调往中间走，使画面更加贴近画意的效果。

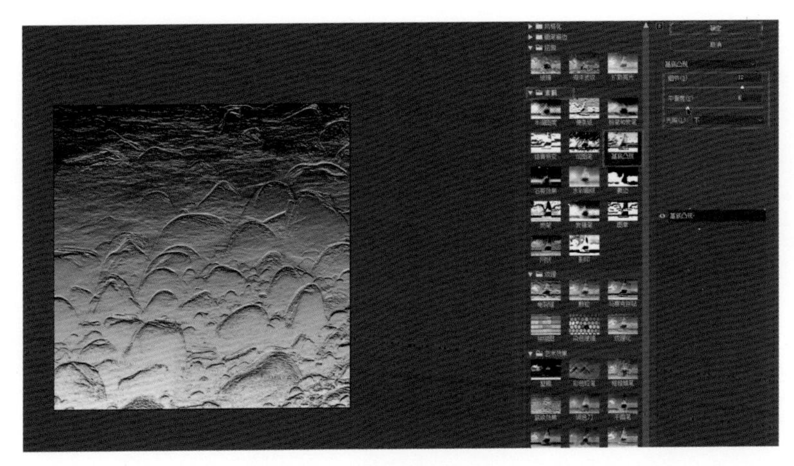

图 8-22

接下来需要让画面稍微暗一点，所以要将图层混合模式改为“正片叠底”，“不透明度”和“填充”的值都要降低，如图 8-23 所示。

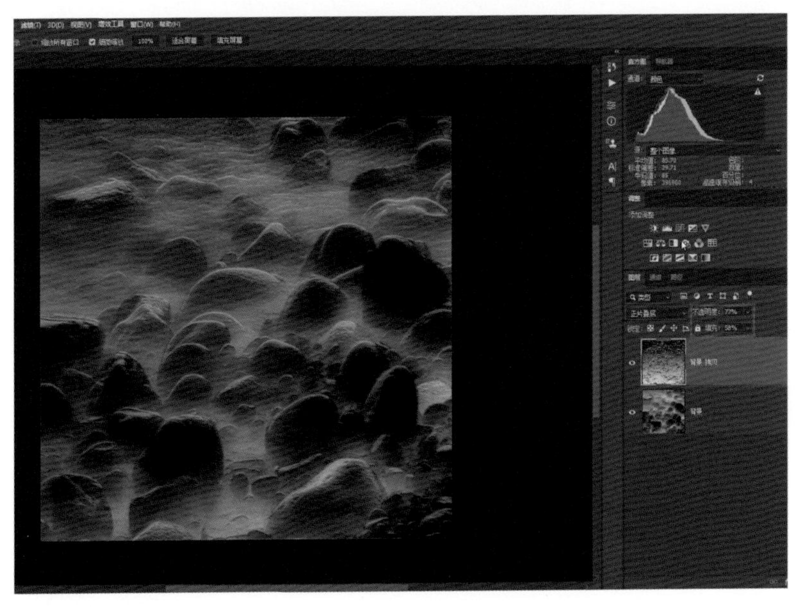

图 8-23

单击“调整”面板中的“曲线”按钮，稍微用鼠标向下拖动曲线上的控制点以向下拉动曲线，从而稍微压暗画面，如图 8-24 所示，至此这张照片基本上就制作完成了。

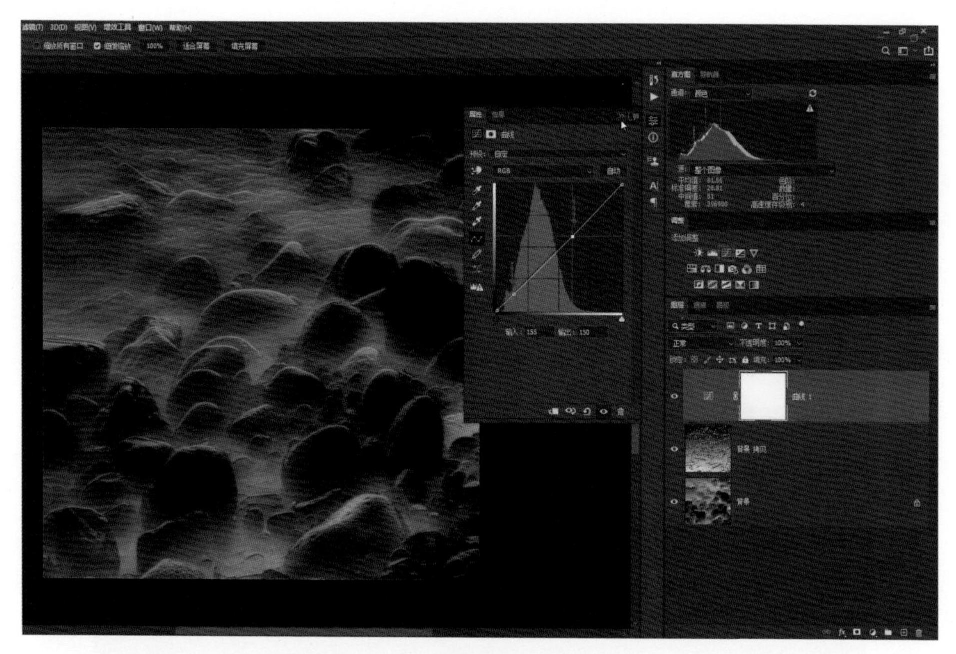

图 8-24

9

第9章

摄影作品画面影调与色调的情感表达

本章讲解摄影作品画面影调与色调的情感表达。前面章节中已讲解了不少以影调为核心的案例，本章则引入色调概念，让影调与色调能够更好地配合，以达到平衡。柔光、叠加、正片叠底、滤色这些图层混合模式是我们常用的，还有一些图层混合模式尽管可能不太常用，但是却能让照片达到梦幻效果。在这里就给大家介绍几种特殊的图层混合模式，让大家对这些混合模式有更深入的认识。

调整整体影调

首先在 ACR 中打开照片，对这张照片进行重新构图，选用裁剪工具裁剪画面，如图 9-1 所示。

图 9-1

构图完成之后切换到编辑界面，单击“自动”按钮，在此基础上对参数做进一步调整，如图 9-2 所示。

这是一张 JPG 格式的照片。一般来说 JPEG 格式的文件会直接在 PS 中打开，但是这里是要在 ACR 中打开。JPEG 格式文件打开软件的设置方法为单击界面右上角的“打开首选项对话框”按钮，或者使用键盘上的“Ctrl+K”快捷键，如图 9-3 所示，在文件处理选项里选择“自动打开所有受支持的 JPEG”，如图 9-4 所示，这样所有 JPEG 格式的照片在 PS 里打开的时候，都首先会用 ACR 打开。

图 9-2

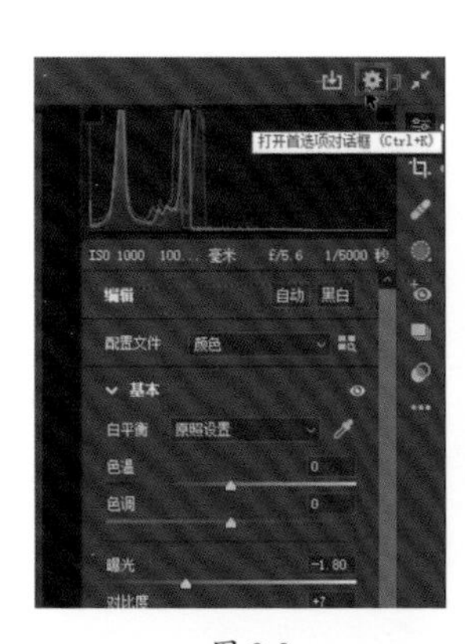

图 9-3

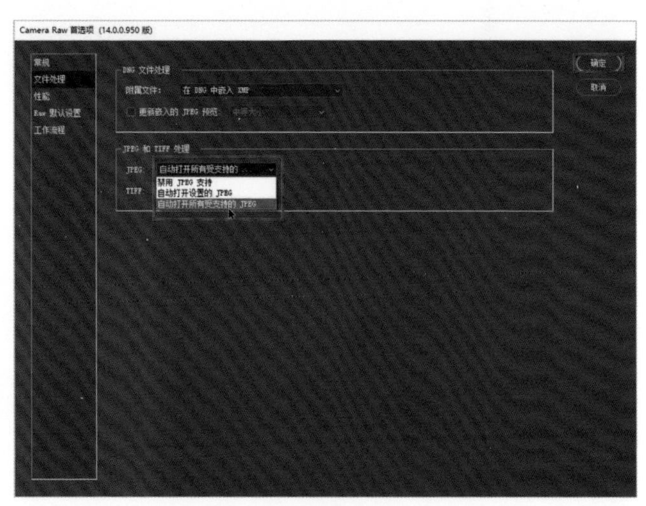

图 9-4

切换到“混色器”面板，选用目标调整工具，在天空处单击鼠标右键，在弹出的菜单中选择“饱和度”，如图 9-5 所示，按住鼠标左键并向左滑动，即降低“饱和度”的值，如图 9-6 所示。

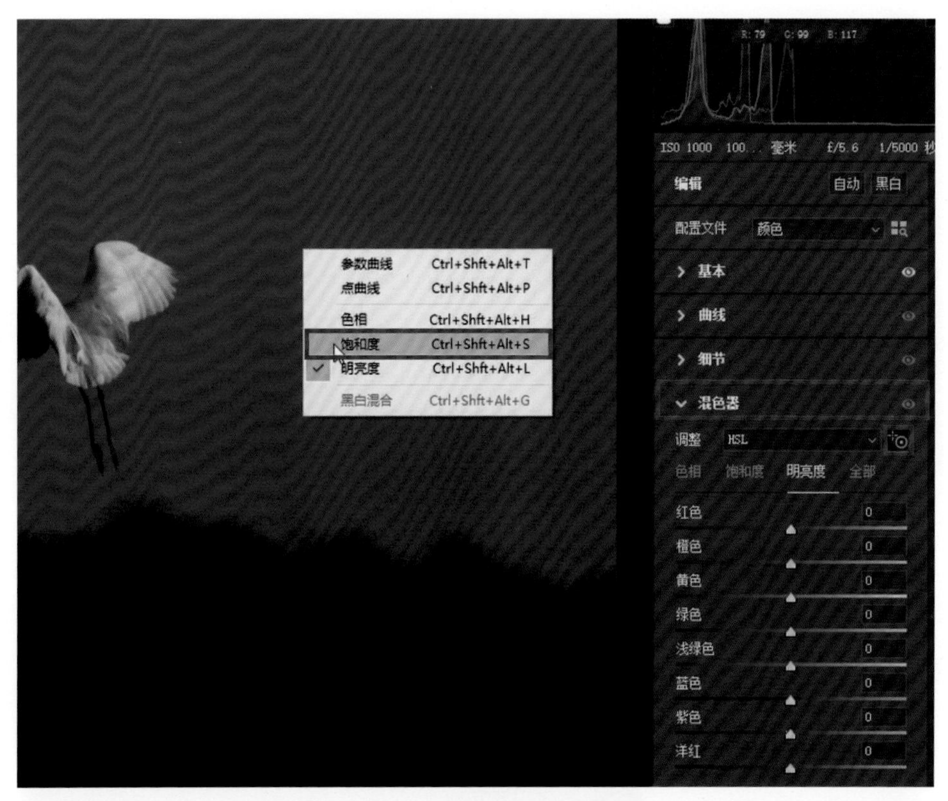
R: 79 G: 99 B: 117
ISO 1000 100... 毫米 f/5.6 1/5000
编辑
自动
黑白
配置文件
颜色
基本
曲线
细节
混色器
调整
HSL
色相
饱和度
明亮度
全部
红色 0
橙色 0
黄色 0
绿色 0
浅绿色 0
蓝色 0
紫色 0
洋红 0
参数曲线 Ctrl+Shft+Alt+T
点曲线 Ctrl+Shft+Alt+P
色相 Ctrl+Shft+Alt+H
饱和度 Ctrl+Shft+Alt+S
明亮度 Ctrl+Shft+Alt+L
黑白混合 Ctrl+Shft+Alt+G

图 9-5

图 9-6

降低色相的方式同理，单击鼠标右键，在弹出的菜单中选择“色相”，然后按住鼠标左键并向左滑动，如图 9-7 所示。

图 9-7

再切回到“基本”面板调整一下画面整体的影调，提高“去除薄雾”的值，之后就可以单击“打开”按钮进入 PS 操作界面了，如图 9-8 所示。

图 9-8

制作飞鸟动态效果

画面中的鸟都是静止的，但如果画面中间的鸟能呈现出动态的效果，这张照片就会更具灵性，画面也会更灵动。所以用套索工具对这只飞鸟创建选区，之后单击菜单栏中的“图层”，选择“新建”—“通过拷贝的图层”，如图 9-9 所示。

图 9-9

这样就会把选中的这一部分单独剪切出来。然后单击菜单栏中的“滤镜”，选择“模糊”—“动感模糊”，如图 9-10 所示。

不能设置得太模糊，所以“距离”的值设为 82 像素，这样能看清是一只鸟，点击“确定”按钮，如图 9-11 所示。

然后单击“添加图层蒙版”按钮，将前景色设置为黑色，用画笔工具对选出的那只鸟周围的区域进行涂抹过渡，如图 9-12 所示。

过渡好之后拼合图像，然后复制图层，单击菜单栏中的“滤镜”，选择“滤镜库”，如图 9-13 所示。

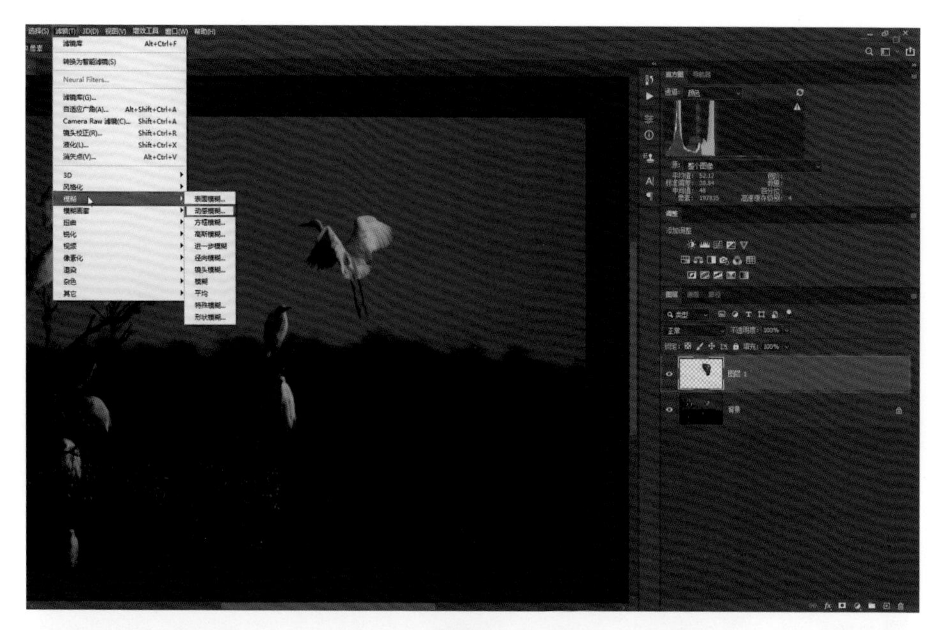
选择(S)
滤镜(T)
3D(D)
视图(V)
增效工具
窗口(W)
帮助(H)
滤镜库 Alt+Ctrl+F
转换为智能滤镜(S)
Neural Filters...
滤镜库(G)...
自适应广角(A)... Alt+Shift+Ctrl+A
Camera Raw 滤镜(C)... Shift+Ctrl+A
镜头校正(R)... Shift+Ctrl+R
液化(L)... Shift+Ctrl+X
消失点(V)... Alt+Ctrl+V
3D
风格化
模糊
模糊画廊
扭曲
锐化
视频
像素化
渲染
杂色
其它
表面模糊...
动感模糊...
方框模糊...
高斯模糊...
进一步模糊
径向模糊...
镜头模糊...
模糊
平均
特殊模糊...
形状模糊...

图 9-10

动感模糊
确定
取消
预览(P)
100%
角度(A): -39 度
距离(D): 82 像素

图 9-11

图 9-12

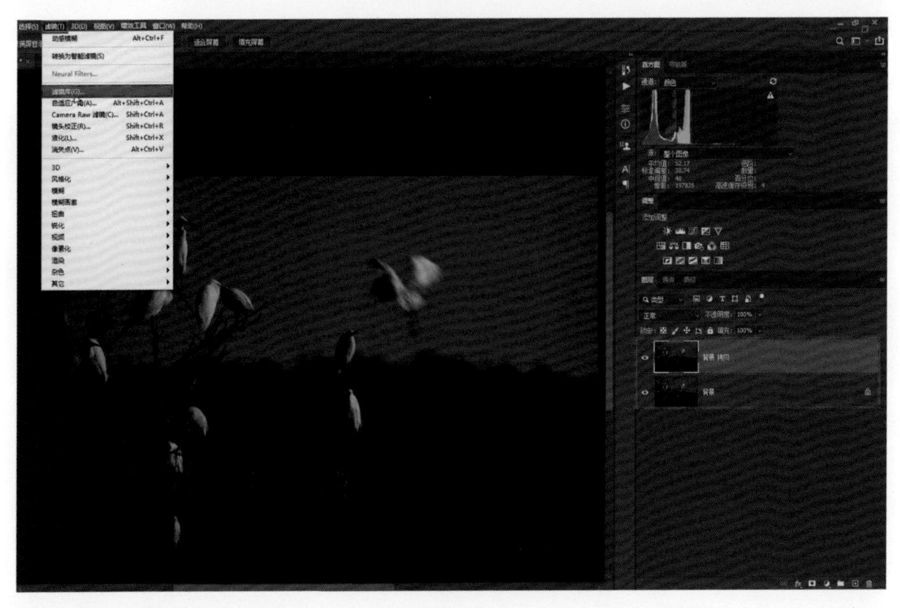

图 9-13

打造画意效果

找到素描分组里面的“影印”，提高“细节”的值，稍微提高“暗度”的值，可以得到类似素描的效果，单击“确定”按钮，如图 9-14 所示。

图 9-14

接下来使用一个特殊的图层混合模式——排除，它和差值模式有点类似，但是对比度更低，并且会改变画面的亮度及灰度，比如使黑色及暗色部分变亮变灰，亮色部分变暗变灰。这个混合模式平时使用的频率不多，如图 9-15 所示，调整后的画面色调变得朦胧、梦幻、柔美。

图 9-15

画面下半部分有点太亮了，选择套索工具，将下方区域选中，然后添加曲线调整图层，用鼠标向下拖动曲线上的控制点以向下拉动曲线，从而将下半部分稍微压暗一点，如图 9-16 和图 9-17 所示。

图 9-16

图 9-17

双击“曲线 1”图层的蒙版缩览图，提高“羽化”的值，如图 9-18 所示，至此这张照片基本上就已经制作完成了。

图 9-18

再创建一个曲线调整图层，调整以形成平缓的 S 形曲线，尤其是暗部下拉多一点，以加强整个画面的对比，使得画面既有质感又有色调上的差异，如图 9-19 所示。大家可以看到调整后的画面既有画意，又有朦胧、超现实的色彩效果，给人非常不一样的感觉。

图 9-19

10

第10章

快速营造特殊光影

本章讲解如何快速营造特殊光影，吸引观者的目光。大家可能都拍过关于禅意题材的照片，但很多人拍完之后都不知道该怎么处理。这类作品越具禅意之美越好。如图 10-1 所示，这幅作品画面整体很简洁，色彩也不杂乱，人物的位置和整体色彩的布局非常好，只是光影差了一些，如果门缝能够透出一些光柱进来，效果会更好。本章就给大家分析一下如何制作出这种类似于光柱的光线，如图 10-2 所示，可以看到有了光就有了生机，画面也就有了灵动性。

图 10-1

图 10-2

调整整体影调

首先在 ACR 中进行整体影调的调整。单击“自动”按钮，然后在此基础上调整参数，提高“去除薄雾”的值，如图 10-3 所示。

图 10-3

在蒙版中选择径向渐变蒙版，选中画面中央圆形的门，单击“反相”按钮，然后降低“曝光”“高光”的值，对门周边的环境进行压暗，但是不能压得太暗，太暗的话过渡会不自然，再适当提高一点“对比度”的值，如图 10-4 所示。

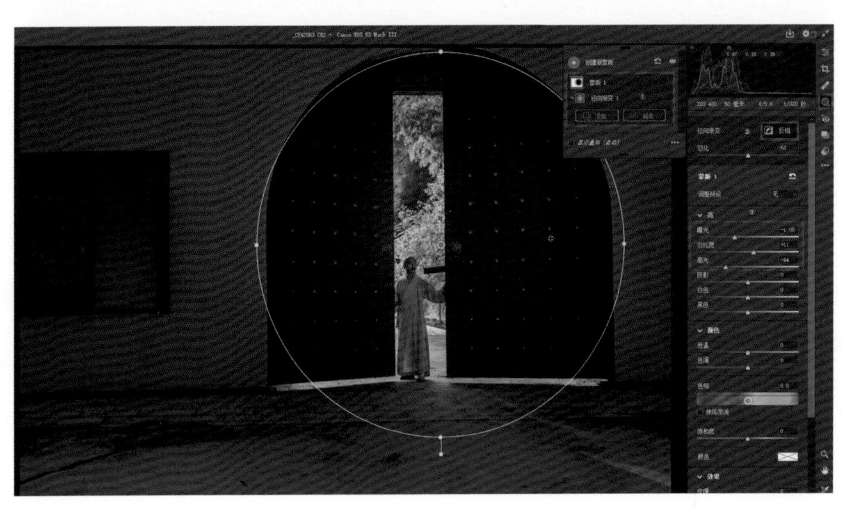

图 10-4

新建画笔蒙版，提高“曝光”“对比度”“阴影”的值，按住鼠标左键并涂抹门四周较暗的区域，然后单击右下角的“打开”按钮，如图 10-5 和图 10-6 所示。

图 10-5

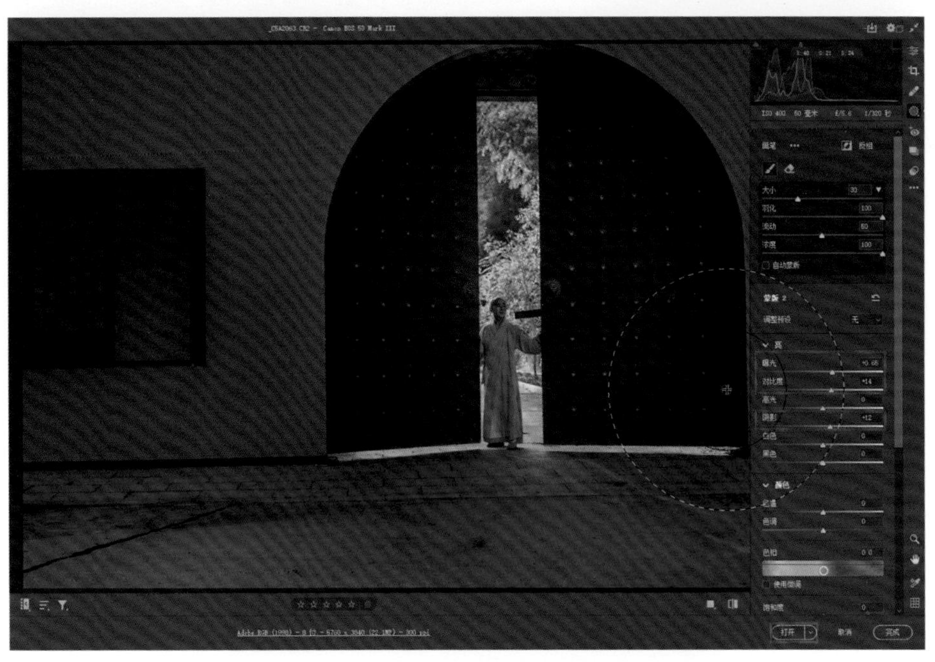

图 10-6

打造光线照射效果

切换到“通道”面板，由于我们要找到门缝是亮的通道，应观察哪一个通道下门缝是亮的而周边是暗的，可以发现“绿”通道是最适合的，如图 10-7 所示。所以用鼠标将“绿”通道拖到“载入通道”按钮上，如图 10-8 所示。

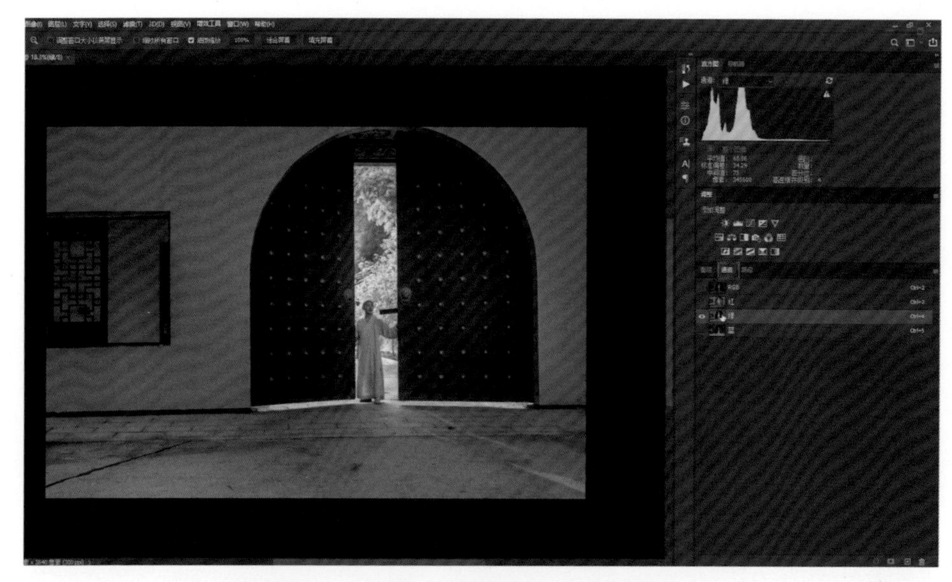

图 10-7

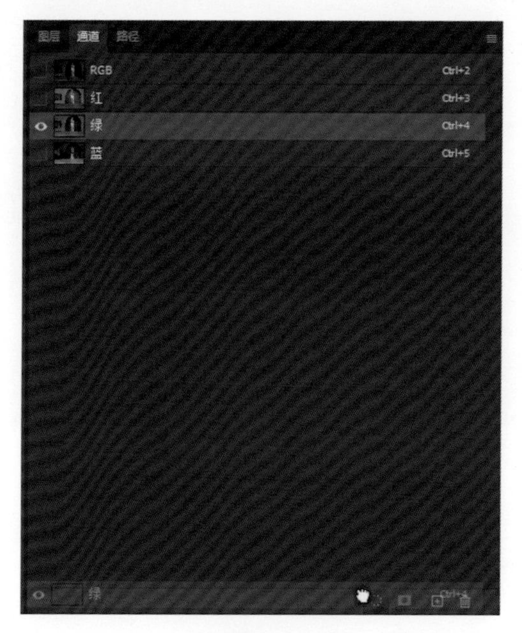

图 10-8

载入后回到“RGB”通道，再切换到“图层”面板，可以看到门缝的选区还算准确，只不过有一些不属于门缝的区域也被包括在选区中了，如图 10-9 所示。

图 10-9

单击“创建新图层”按钮，创建一个空白图层，然后单击菜单栏中的“编辑”，选择“填充”，如图 10-10 所示，在“填充”对话框中，内容选择“白色”，单击“确定”按钮，如图 10-11 所示。

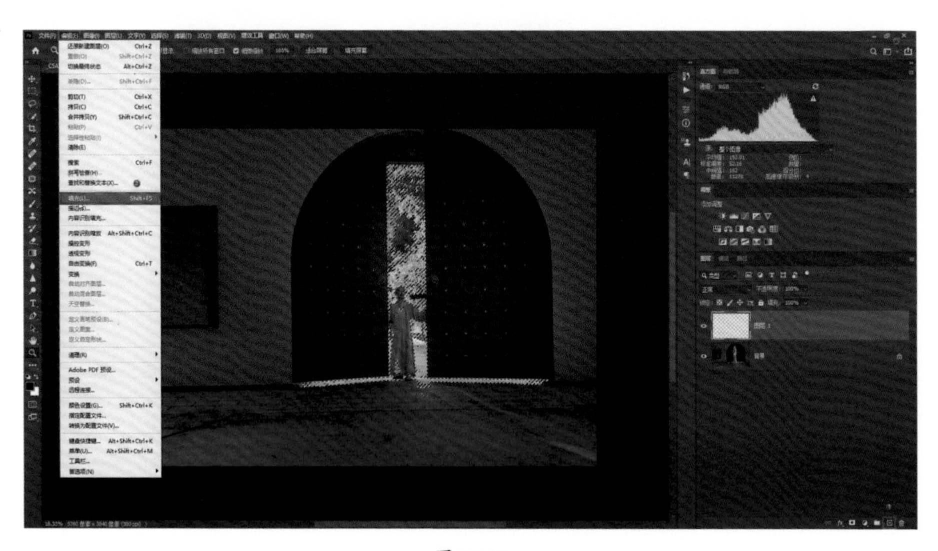

图 10-10

图 10-11

可以看到门缝选区中填充上了白色，但是由于创建选区时还选中了一些不属于门缝的区域，所以这些区域也填充上了白色，如图 10-12 所示，这里可以先忽略这个问题。

图 10-12

通过键盘上的“Ctrl+D”组合键取消选区，然后单击菜单栏中的“滤镜”，选择“模糊”—“动感模糊”，设置合适的角度，“距离”的值要大一些，以营造出光照感，如图 10-13 和图 10-14 所示。

图 10-13

图 10-14

选择移动工具，拖动画面以使光线处于合适的位置，如图 10-15 所示。如果觉得一层光线效果不够可以再复制一层，然后再调整光线的位置，如图 10-16 所示。

图 10-15

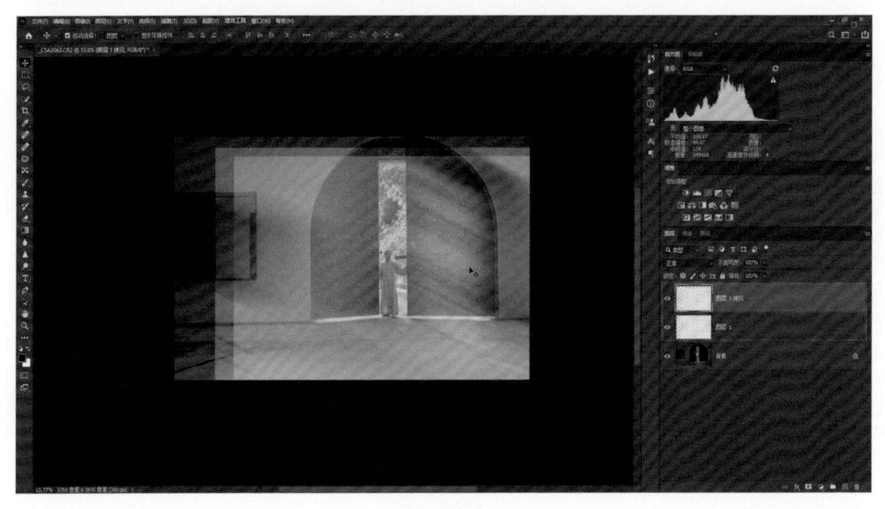

图 10-16

同时选中两个光线图层，单击鼠标右键并在弹出的菜单中选择“合并图层”，然后添加蒙版，选择画笔工具，将前景色设置为黑色，“不透明度”设为100%，按住鼠标左键并涂抹从而将不需要的光线擦掉，如图 10-17 所示。

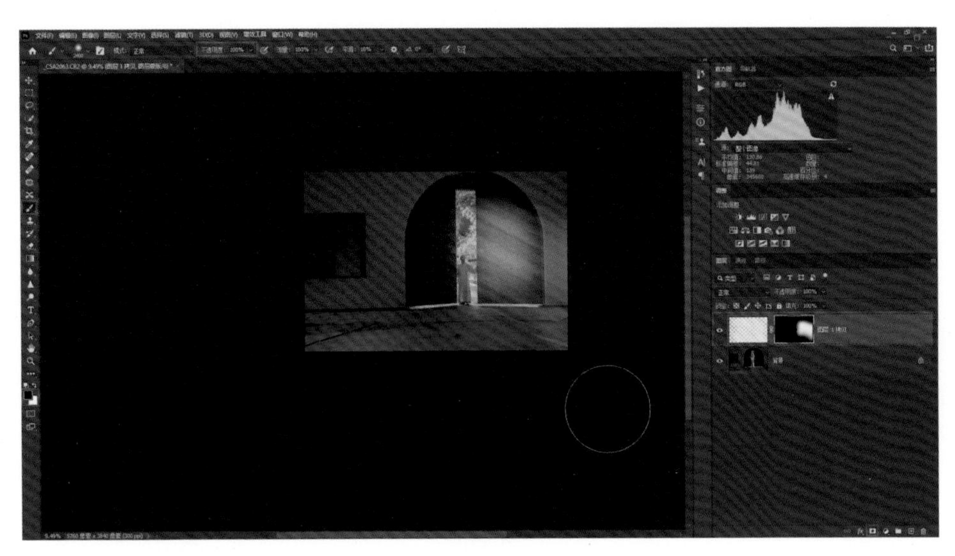

图 10-17

调整光线色调

目前画面中光线的射线感还是不够明显，针对这一问题，我们可以创建曲线调整图层，单击“创建剪贴”按钮，这样曲线将只对下面的图层（也就是光线图层）起作用，选择“蓝”通道，用鼠标向下拖动曲线上的控制点，为光线增加一些暖色调，如图 10-18 和图 10-19 所示。

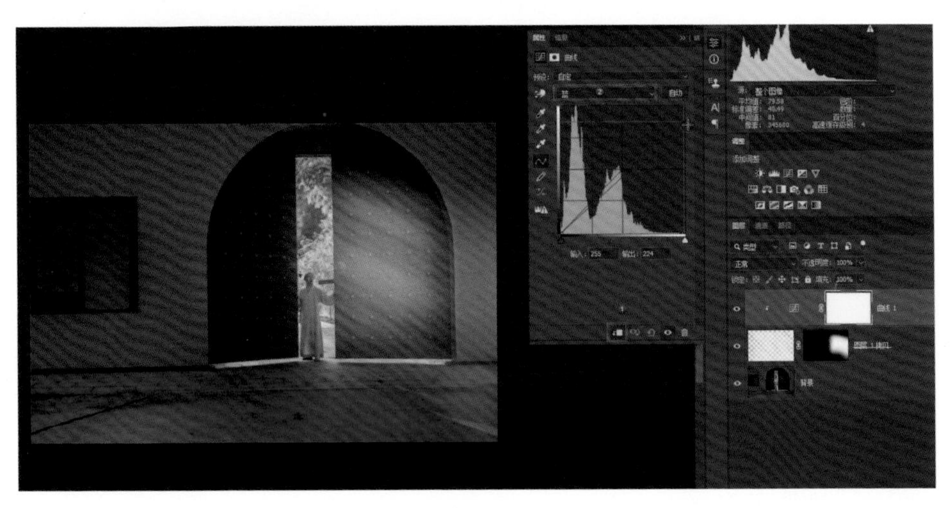

图 10-18

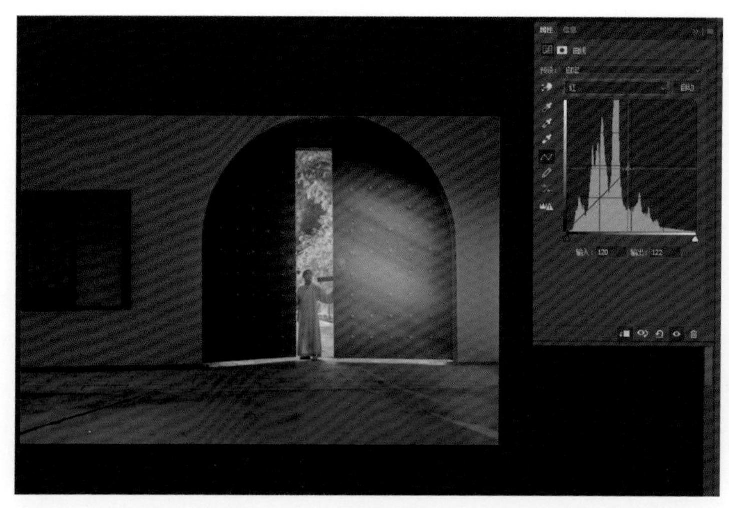

图 10-19

再切换到“RGB”通道给光线加强对比，也就是用鼠标略大幅度向下拖动曲线暗部的控制点，略小幅度向下拖动曲线亮部的控制点，如图 10-20 所示。

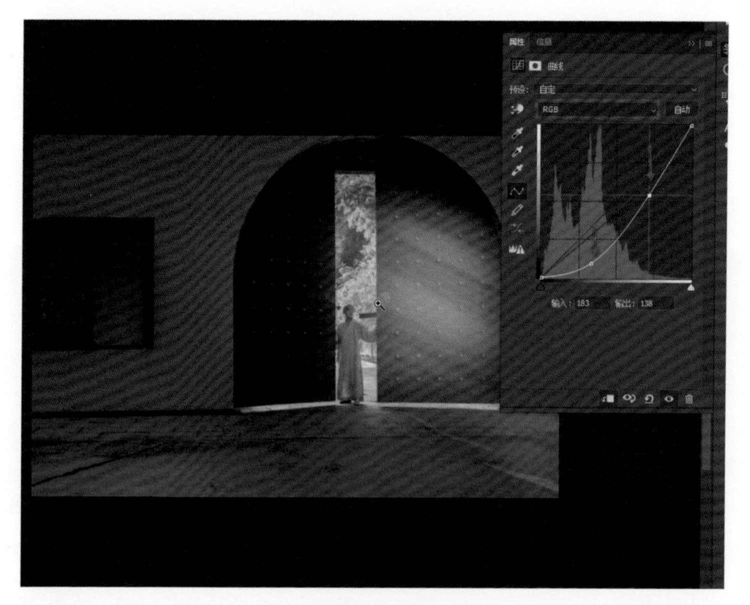

图 10-20

然后单击“曲线”按钮，对曲线进行与上一步类似的调整，以加强画面整体的对比，如图 10-21 所示。

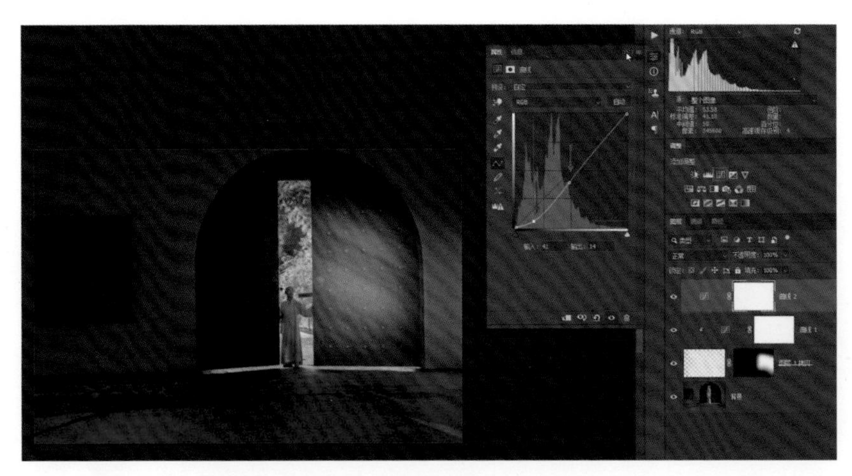

图 10-21

接下来选择工具栏中的渐变工具，将前景色设置为黑色，“不透明度”设置在 60% 左右，选择“前景色到透明渐变”，选择径向渐变，按住鼠标左键并涂抹，将周边被“曲线 2”图层覆盖的地方擦回来一些，如图 10-22 所示。

图 10-22

统一画面质感

经过以上操作已基本上得到了想要的效果，再创建一个曲线调整图层，用鼠标拖动曲线上的控制点向上拉动曲线，使画面稍微提亮，如图 10-23 所示。

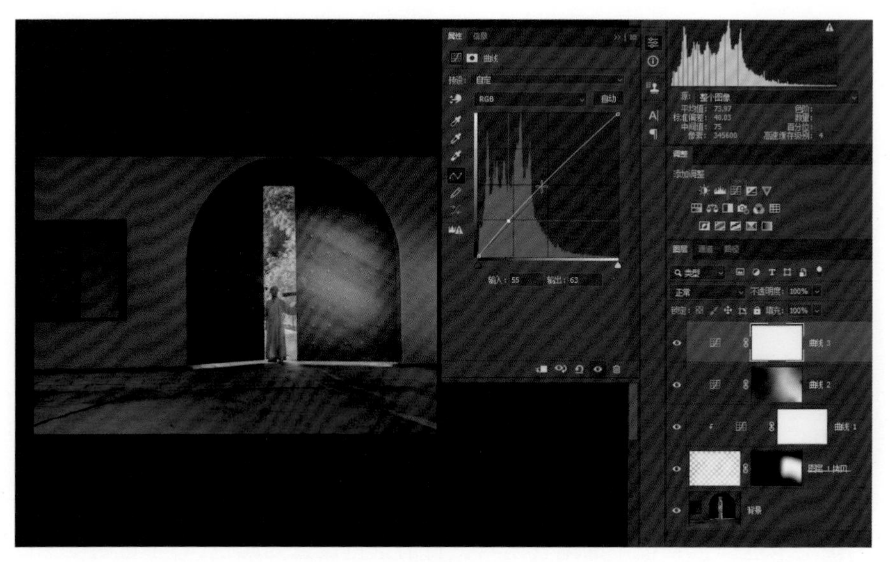

图 10-23

然后拼合图像，单击菜单栏中的“滤镜”，选择“杂色”—“添加杂色”，“数量”的值设置为 1，勾选“高斯分布”选项，勾选“单色”复选框，使画面整体质感统一，单击“确定”按钮，如图 10-24 所示。

图 10-24

最后用污点修复画笔工具处理画面中的污点，这样这张照片就处理完毕了，如图 10-25 所示。

图 10-25

11

第11章

用倒影表达增强画面审美性

本章为大家讲解用倒影表达增强画面的审美性。如图 11-1 所示，这张照片拍自福建惠安县，展现了勤劳善良的惠安女捕鱼挑担的生活。照片构图对称，形式和内容都很美。处理后的效果如图 11-2 所示，可以看到为了营造更多的美感，加入了水面倒影，使画面呈现出更好的效果。

图 11-1

图 11-2

调整整体影调

首先用 ACR 对影调进行基本调整。单击“自动”按钮，在此基础上调整参数，降低“饱和度”和“自然饱和度”的值，如图 11-3 所示。

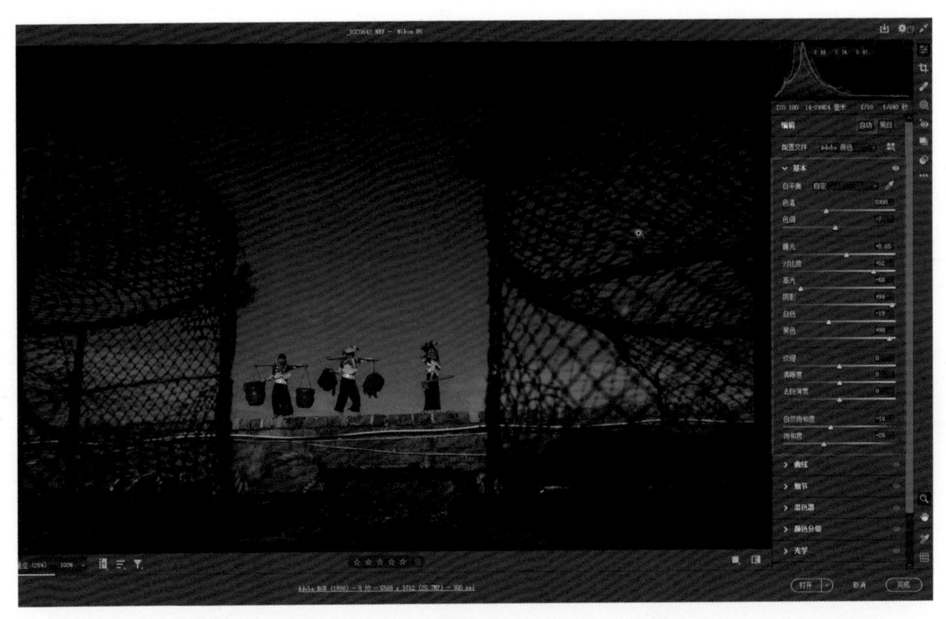

图 11-3

切换到“混色器”面板，降低天空部分的饱和度，也就是降低蓝色的饱和度，再稍微降低浅绿色的饱和度，使色相稍微偏青色一点，如图 11-4 和图 11-5 所示。

图 11-4

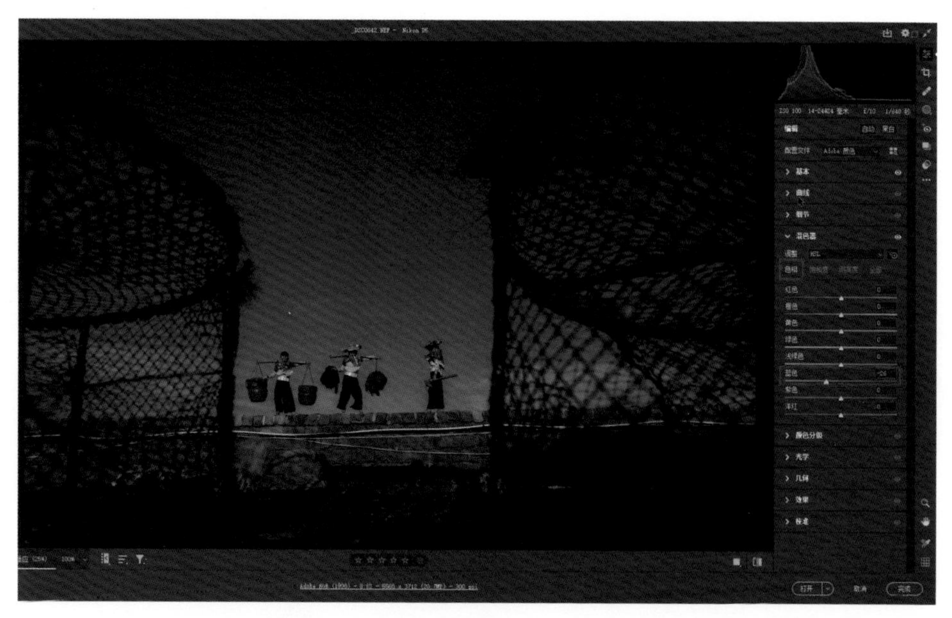

图 11-5

切换到“基本”面板继续调整参数，提高“去除薄雾”的值，如图 11-6 所示。

图 11-6

处理完之后单击“打开”按钮，进入 PS 操作界面，如图 11-7 所示。

图 11-7

在色彩方面，由于刚刚降低饱和度导致画面中人物衣服的色彩饱和度降得过低了，所以需要对其进行调整。创建色相 / 饱和度调整图层，提高“色相”“饱和度”和“明度”的值，如图 11-8 所示。

图 11-8

制作水面投影

然后拼合图像，解锁图层并进行二次构图，如图 11-9 所示，选择裁剪工具，选择“1 : 1（方形）”构图，向下拉伸下边框的手柄，如图 11-10 所示。

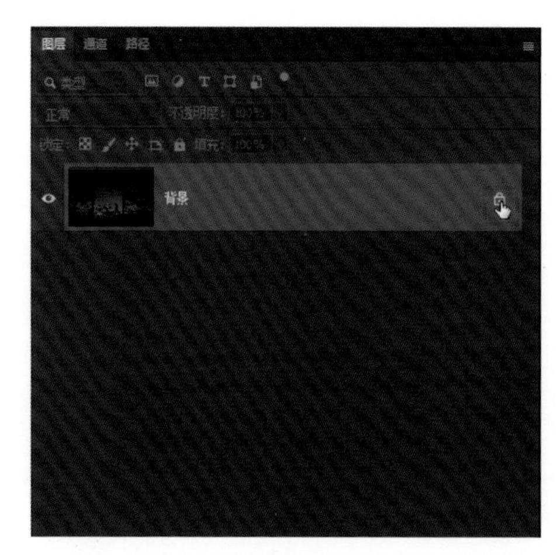

图 11-9

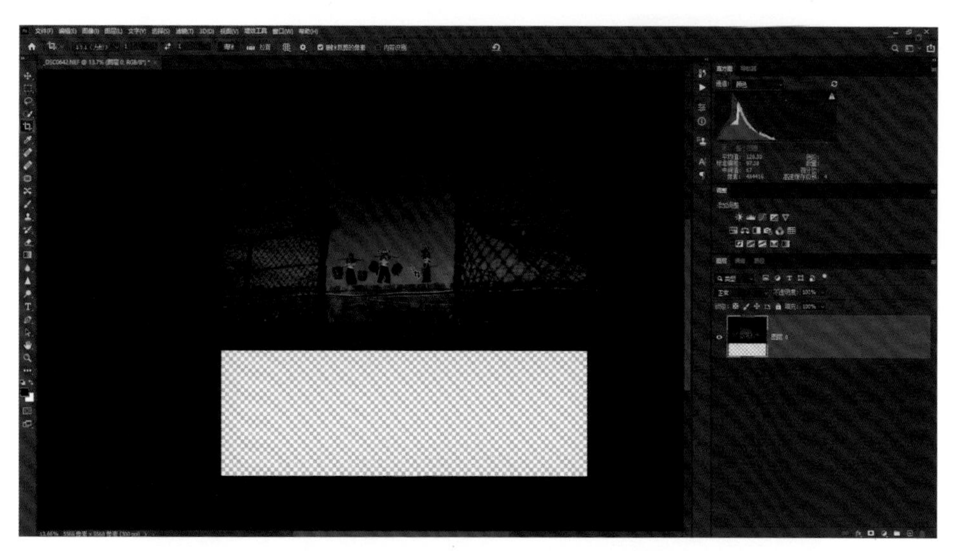

图 11-10

接下来制作水面倒影。用矩形框选工具框选出想要呈现在水面上的画面，框选完之后单击菜单栏中的“图层”，选择“新建”—“通过拷贝的图层”，如图 11-11 所示。

对“图层 1”进行自由变换，按键盘上的“Ctrl+T”组合键，将中间点放在如图 11-12 中所示位置，将中间点移到这个位置之后，它会自动吸附在下边缘的中心点上。

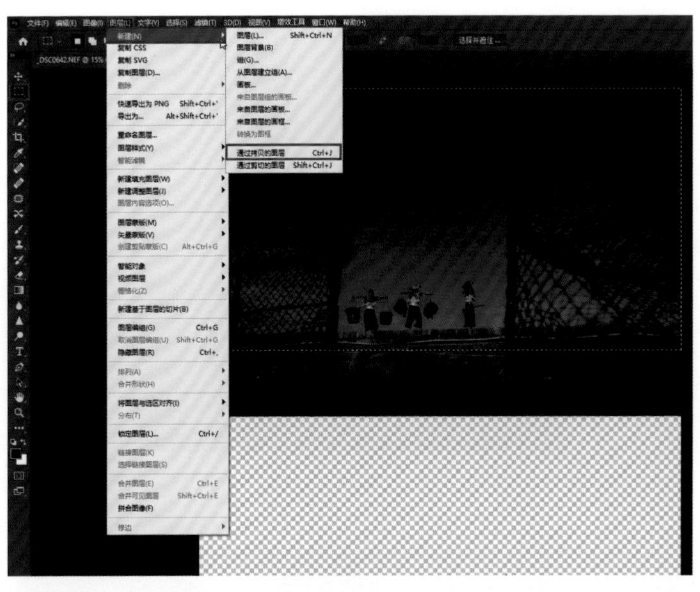
新建(N)
复制 CSS
复制 SVG
复制图层(D)...
删除
快速导出为 PNG Shift+Ctrl+'
导出为... Alt+Shift+Ctrl+'
重命名图层...
图层样式(Y)
智能滤镜
新建填充图层(W)
新建调整图层(J)
图层内容选项(O)...
图层蒙版(M)
矢量蒙版(V)
创建剪贴蒙版(C) Alt+Ctrl+G
智能对象
视频图层
栅格化(Z)
新建基于图层的切片(B)
图层编组(G) Ctrl+G
取消图层编组(U) Shift+Ctrl+G
隐藏图层(R) Ctrl+,
排列(A)
合并形状(H)
将图层与选区对齐(I)
分布(T)
锁定图层(L)... Ctrl+/
链接图层(K)
选择链接图层(S)
合并图层(E) Ctrl+E
合并可见图层 Shift+Ctrl+E
拼合图像(F)
修边
图层(L)... Shift+Ctrl+N
图层背景(B)
组(G)...
从图层建立组(A)...
画板...
来自图层组的画板...
来自图层的画板...
来自图层的画框...
转换为图框
通过拷贝的图层 Ctrl+J
通过剪切的图层 Shift+Ctrl+J

图 11-11

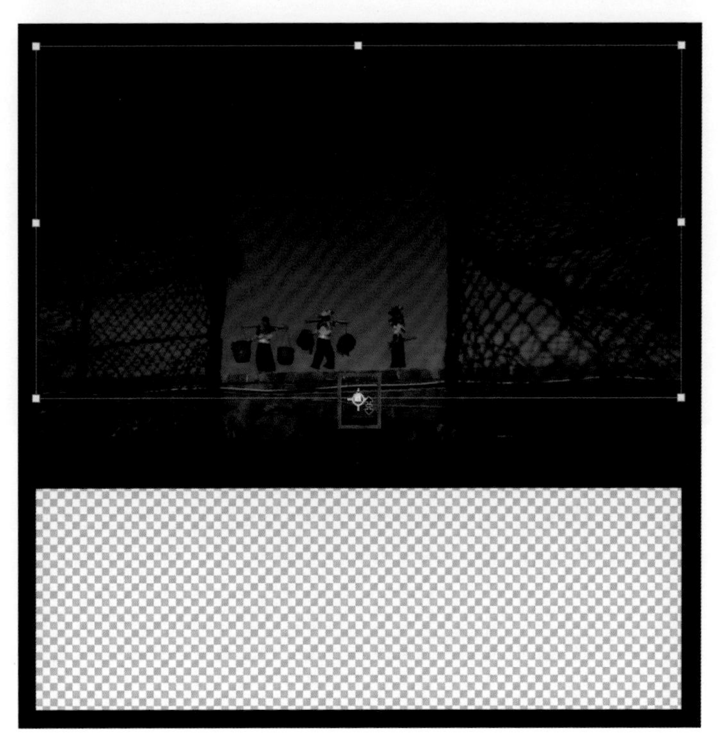

图 11-12

在自由变换区域内单击鼠标右键，在弹出的菜单中选择“垂直翻转”，如图 11-13 所示，大家可以看到投影感觉已经出来了，如图 11-14 所示。

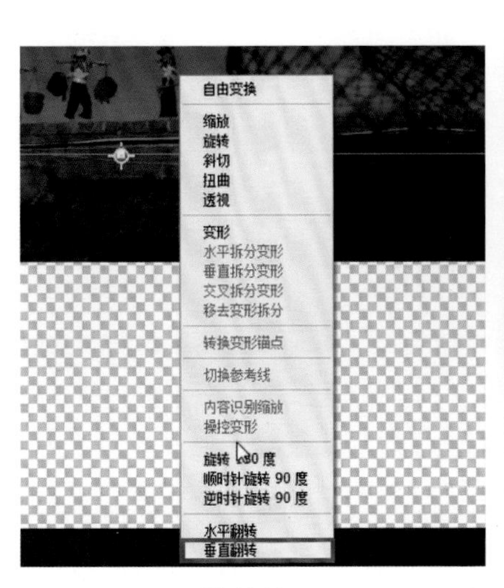

图 11-13

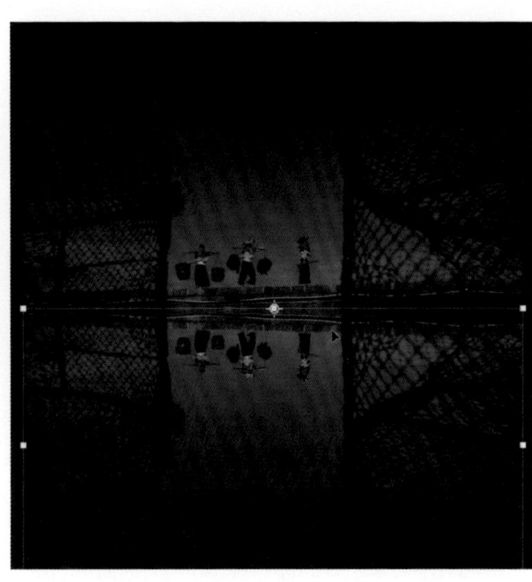

图 11-14

制作水面波纹

接下来对水面部分进行压暗。单击菜单栏中的“图像”，选择“调整”—“曲线”，倒影往往都比真实的画面要暗一些，因此用鼠标拖动曲线上的控制点来向下拉动曲线，如图 11-15 和图 11-16 所示。

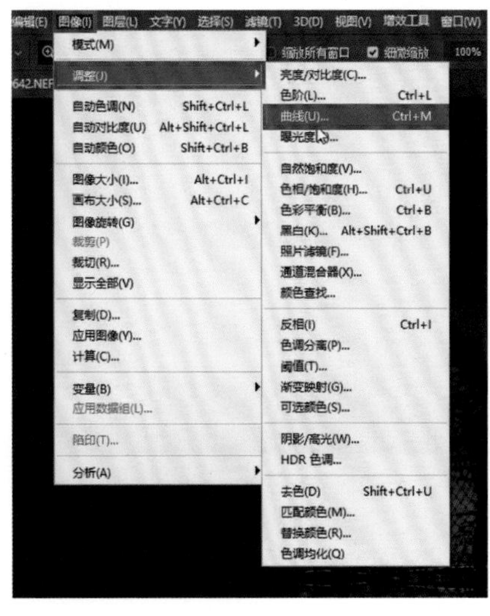

图 11-15

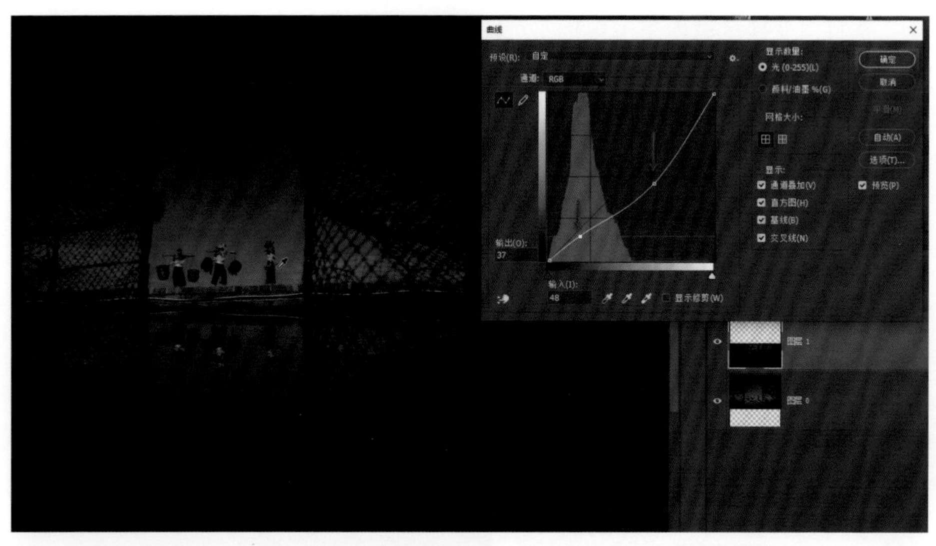

图 11-16

单击菜单栏中的“滤镜”，选择“扭曲”—“波纹”，如图 11-17 所示，设置波纹的“数量”和“大小”，单击“确定”按钮，如图 11-18 所示。

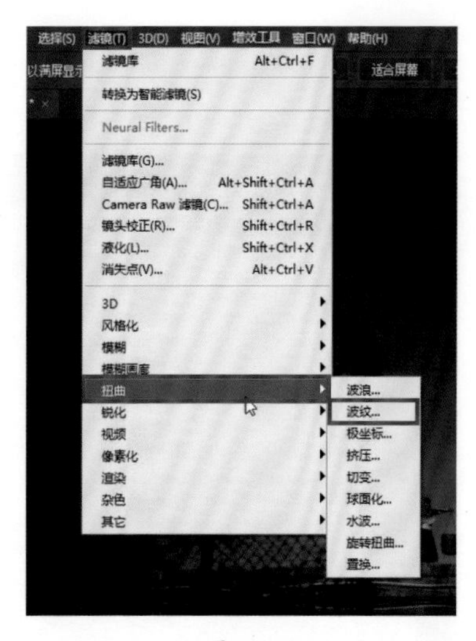

图 11-17

图 11-18

添加波纹后的效果如图 11-19 所示。

图 11-19

然后使水面与地面之间过渡自然。添加蒙版，选择画笔工具，将“不透明度”设为 100%，在水面与地面交界处最左端单击鼠标左键，在交界处最右端单击鼠标左键，如图 11-20 所示。

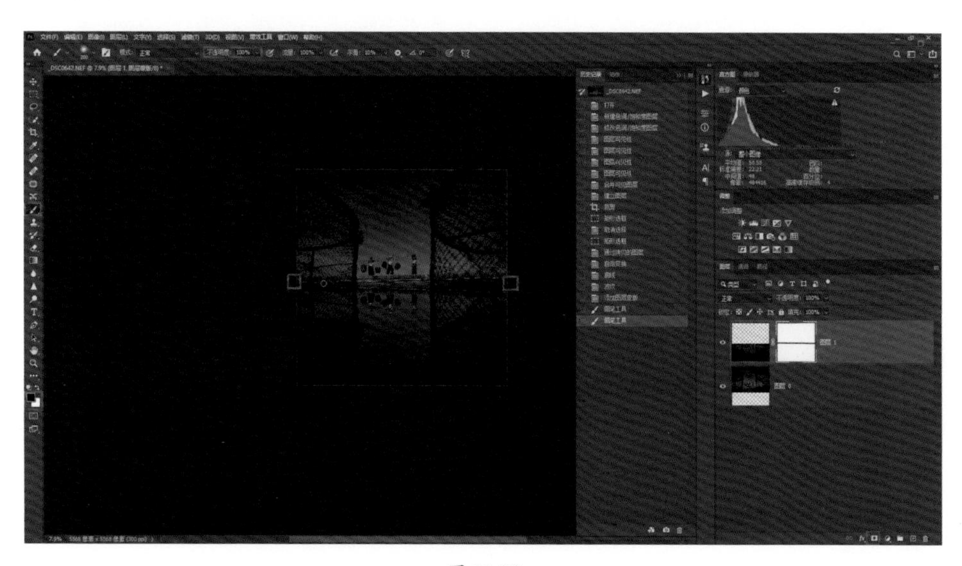

图 11-20

统一画面质感

先合并图层，然后用裁剪工具进行构图，使上半部分保留得稍微多一点，下面水面部分少一点，从而使画面更加紧凑，也更对称，如图 11-21 所示。

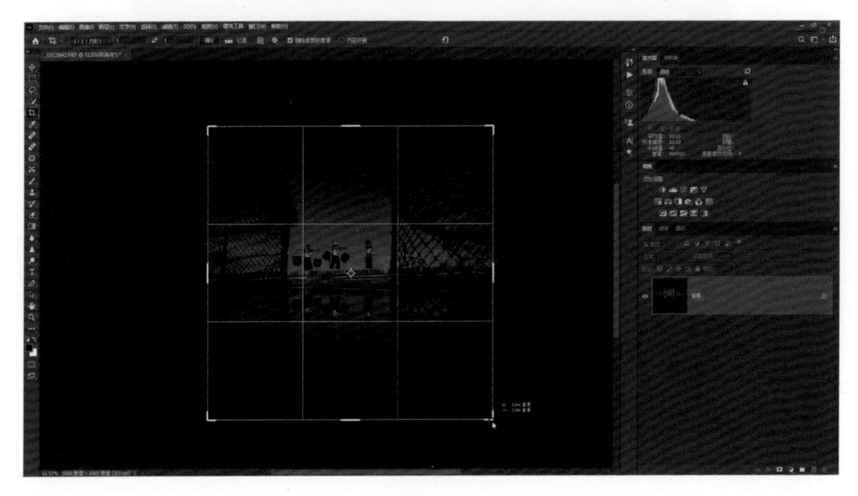

图 11-21

接下来制作纹理。复制图层，单击菜单栏中的“滤镜”，选择“滤镜库”，如图 11-22 所示。

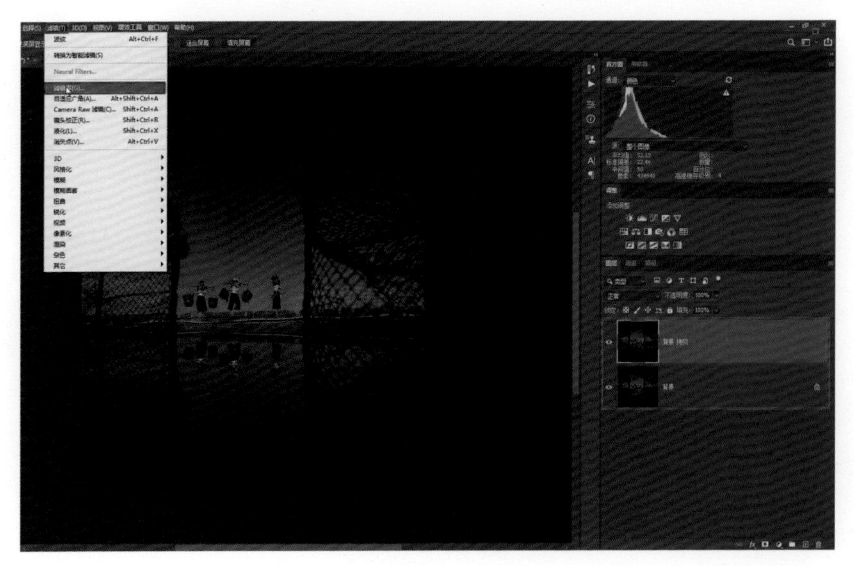

图 11-22

找到纹理分组内的“龟裂缝”，这是个有点像纸张的纹理的效果。可以控制裂缝的深度（也就是暗部的加深程度）和裂缝的亮度，观察一下预览图，图像效果很好就可以单击“确定”按钮了，如图 11-23 所示。

图 11-23

最后创建曲线调整图层，将曲线调整为平缓的 S 形，从整体上增加画面的通透感，如图 11-24 所示。

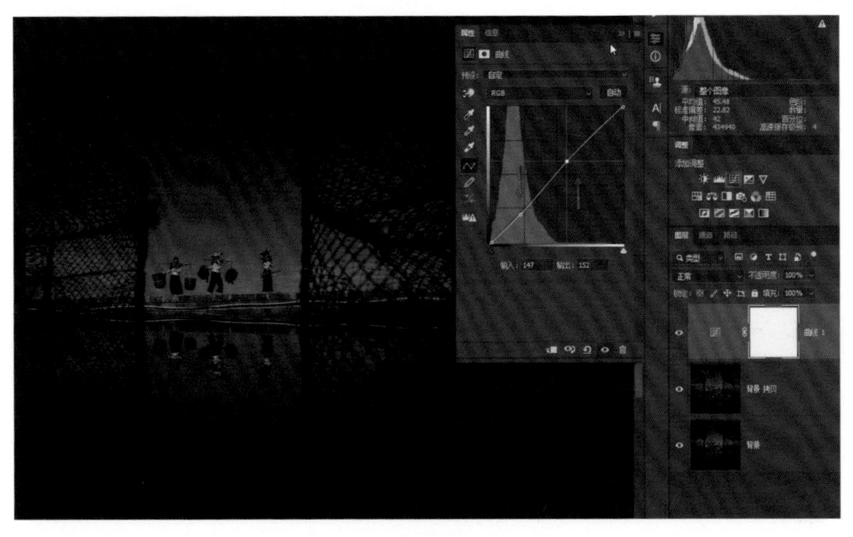

图 11-24

如果觉得饱和度太高，可以创建色相 / 饱和度调整图层，稍微降低“饱和度”的值，如图 11-25 所示。

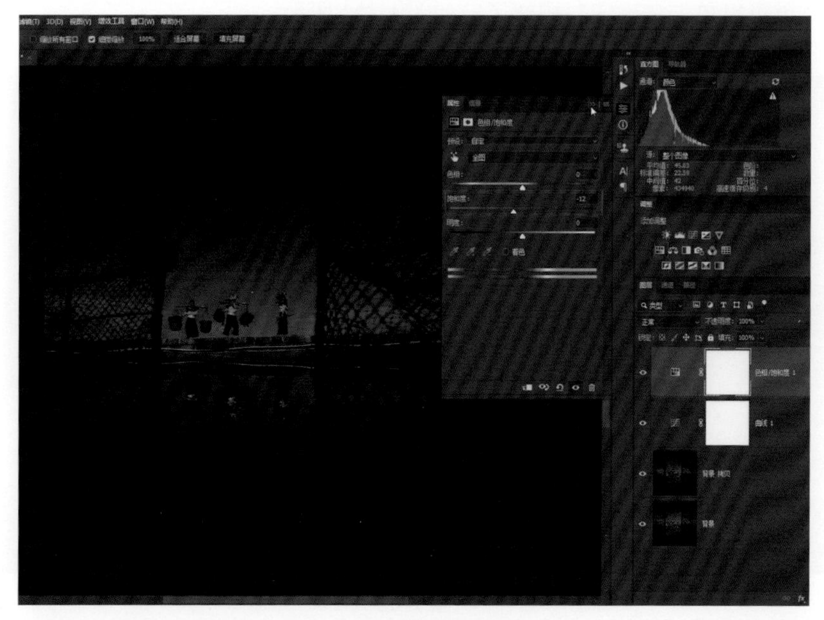

图 11-25

单击“照片滤镜”按钮，选择黄色的照片滤镜“Deep Yellow”，使画面更显怀旧，如图 11-26 所示，这样这张照片就调整完毕了。

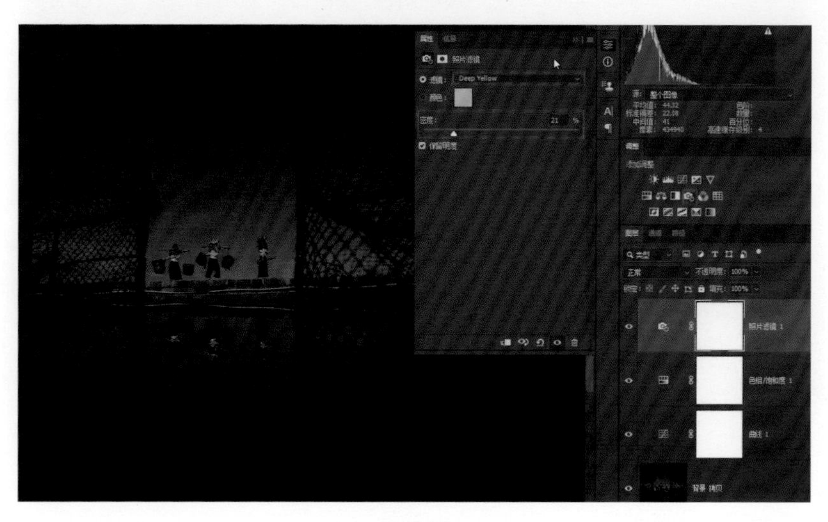

图 11-26

12

第12章

利用后期改变影调，增强作品立体感

本章讲解如何利用后期改变影调，增强作品的立体感。首先看到图 12-1 所示的这样一张照片，很多朋友都拍摄过荷花，荷花是花卉拍摄必不可少的题材之一。不过，拍摄荷花想仅仅依赖前期拍摄就得到好的效果是很有难度的，还要配合后期处理，才能打造出比较有意境的感觉。

图 12-1

调整整体影调

首先在 ACR 里进行调整。选择裁剪工具，在画面任意位置单击鼠标右键，在弹出的菜单中选择“长宽比”，选择“1 × 1”的方形构图，保留荷叶和荷花，让画面简洁，如图 12-2 和图 12-3 所示。

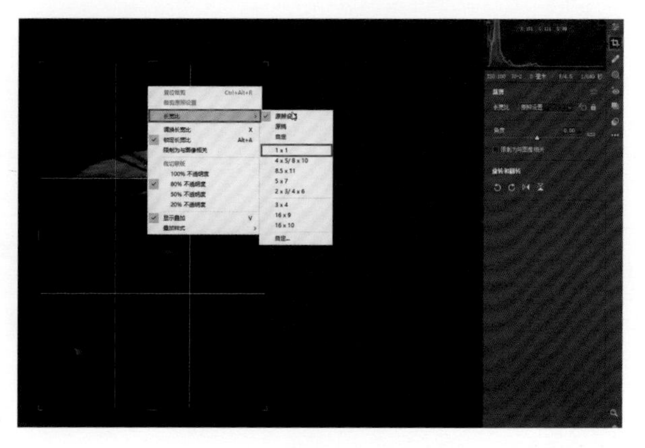

图 12-2

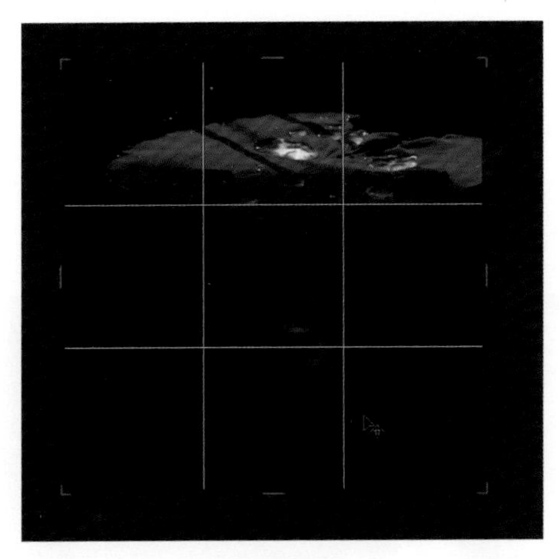

图 12-3

然后切换到“编辑”面板，单击“自动”按钮，在此基础上调整参数，降低“清晰度”的值，提高“去除薄雾”的值。接下来就可以单击“打开”按钮，如图 12-4 所示，进入 PS 操作界面。

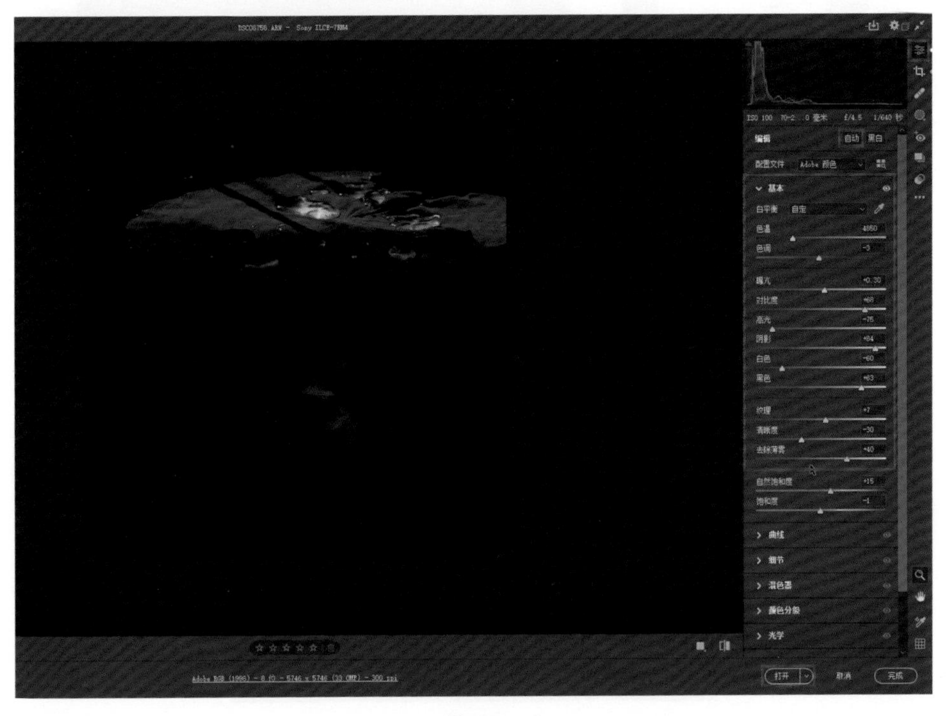

图 12-4

降低环境的细节层次

由于我不想让环境中有太多的细节和层次，所以这个时候要保护主体。单击菜单栏中的“选择”，选择“主体”，如图 12-5 所示，可以看到选中了画面中的荷叶和荷花部分，如图 12-6 所示。

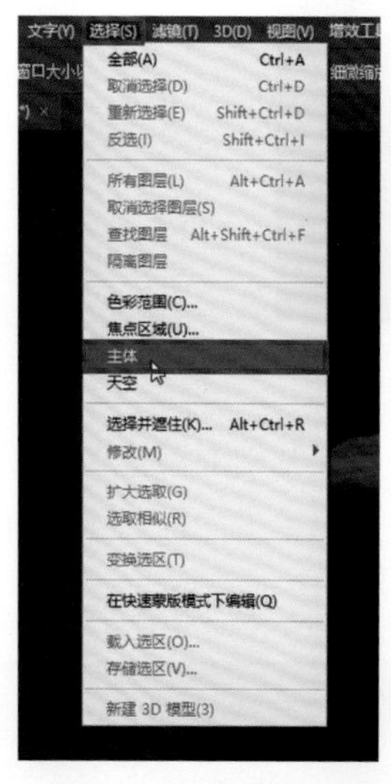

图 12-5

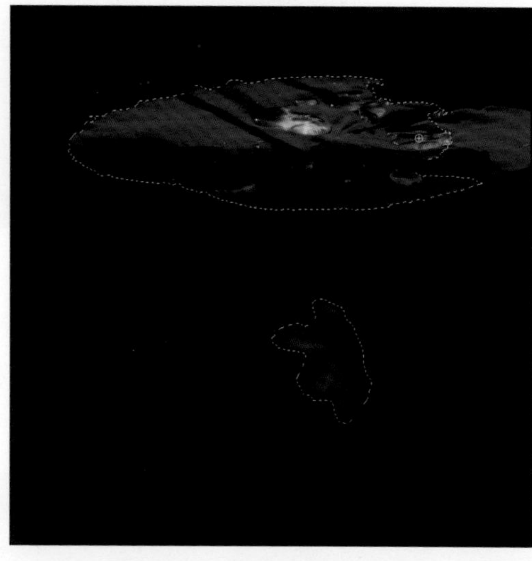

图 12-6

再用套索工具对荷叶或荷花漏选的部分进行补选，如图 12-7 所示。

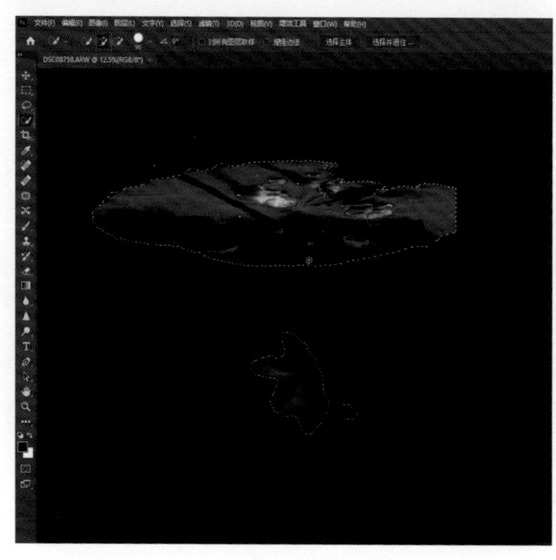

图 12-7

然后单击菜单栏中的“选择”，选择“反选”，如图 12-8 所示。

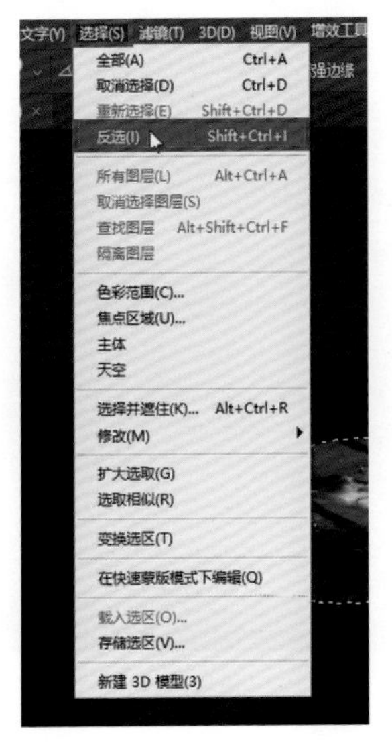

图 12-8

创建曲线调整图层，用鼠标向下拖动曲线上的控制点以向下拉动曲线，从而压暗环境，如图 12-9 所示。双击“曲线 1”图层的蒙版缩览图，提高“羽化”的值，如图 12-10 所示。

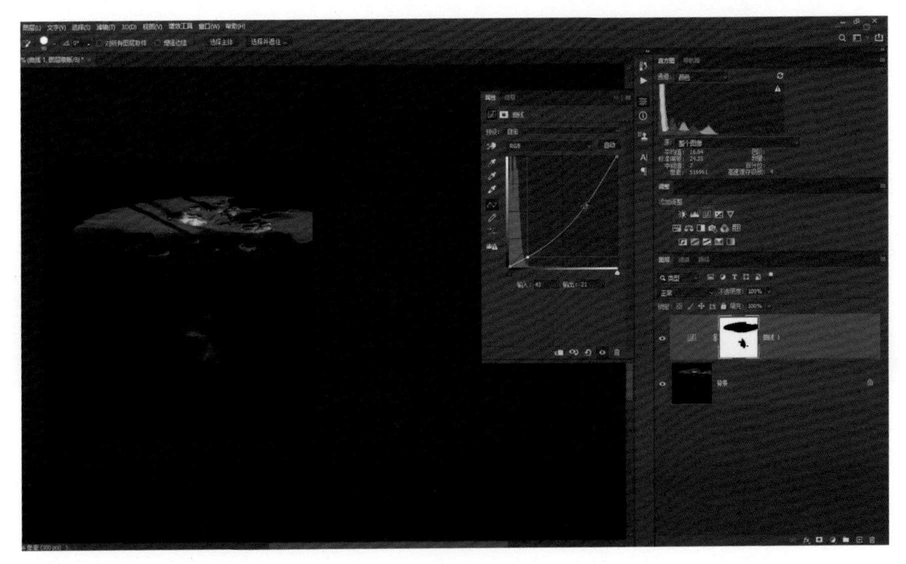

图 12-9

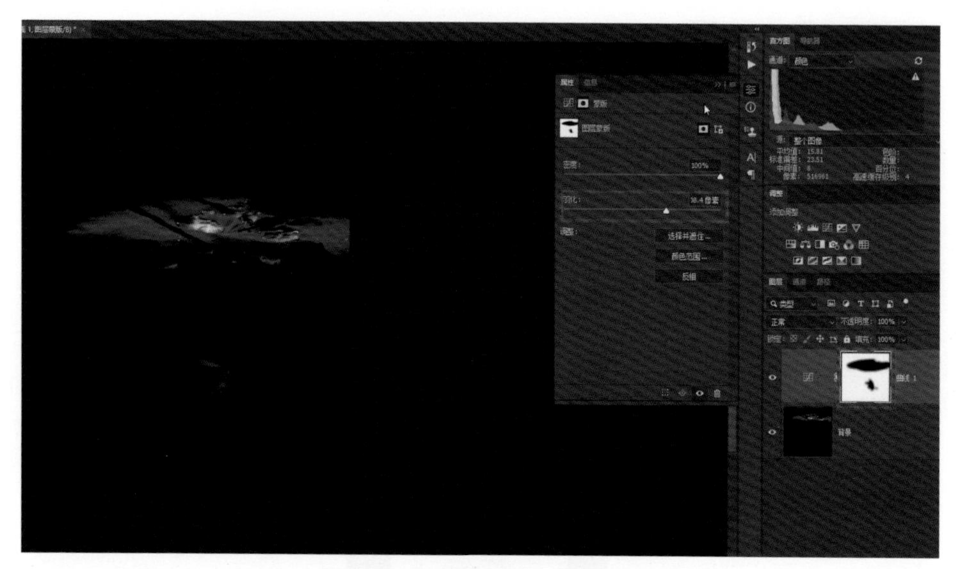

图 12-10

选中“背景”图层，用快速选择工具选中荷花，如图 12-11 所示。

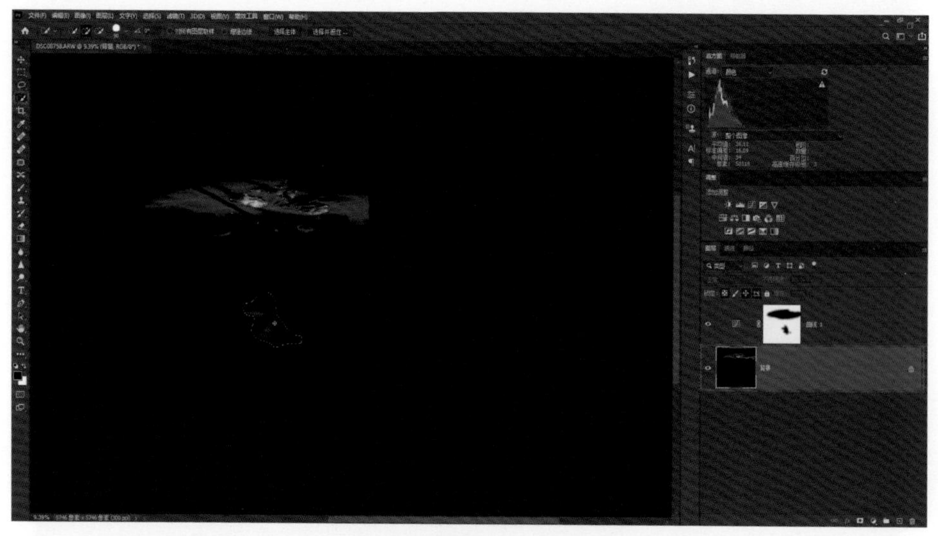

图 12-11

创建曲线调整图层，用鼠标向上拖动曲线上的控制点以向上拉动曲线，从而提亮荷花部分，如图 12-12 所示。双击“曲线 2”图层的蒙版缩览图，提高“羽化”的值，如图 12-13 所示。

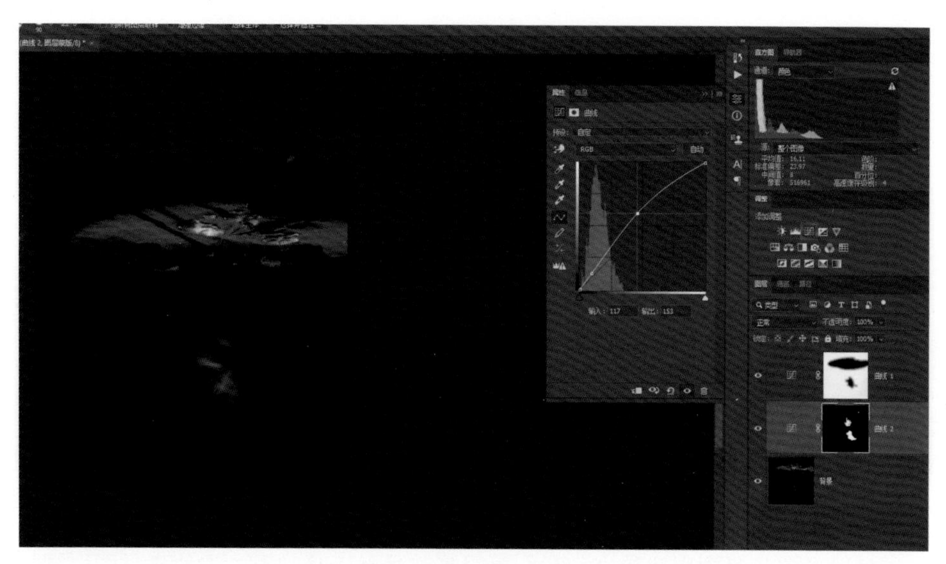

图 12-12

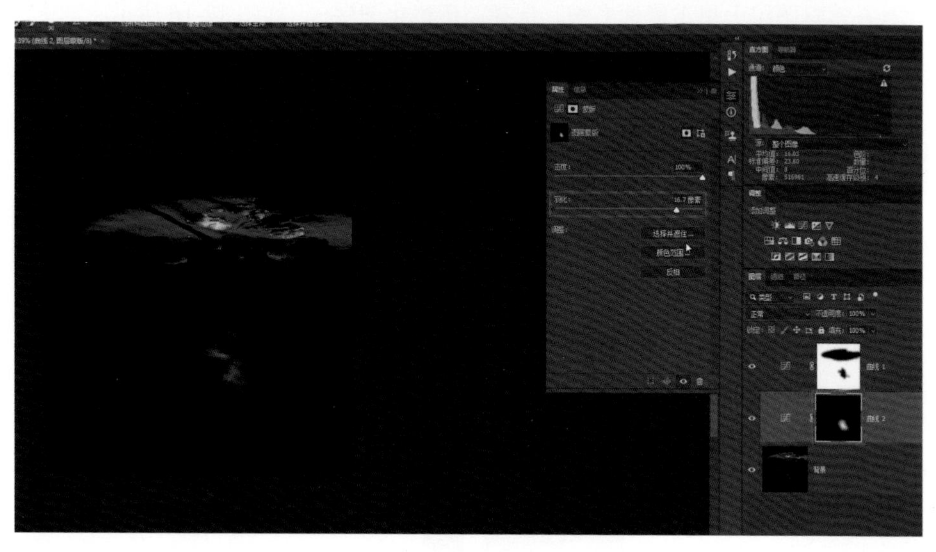

图 12-13

添加玻璃雨滴素材

拼合图像，拖入玻璃雨滴素材，放到画面中合适的位置，如图 12-14 所示。然后拉伸素材，让它填满画布，如图 12-15 所示。

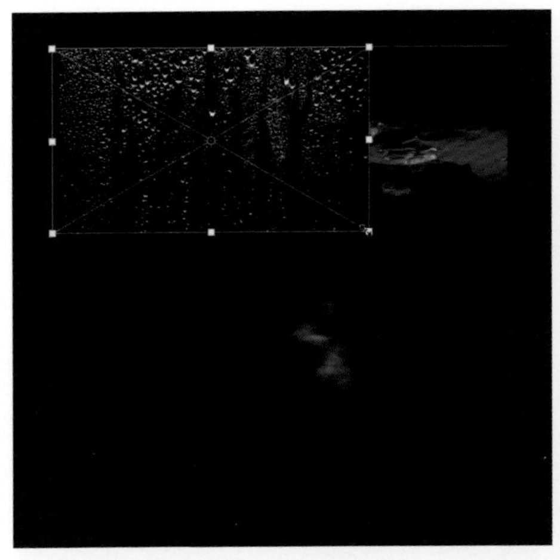

图 12-14

图 12-15

可以看到此时雨水比较亮，我们可以将其稍微压暗一点。先使素材图层栅格化，在素材图层上单击鼠标右键，选择“栅格化图层”，如图 12-16 所示。

然后单击菜单栏中的“图像”，选择“调整”—“曲线”，如图 12-17 所示，用鼠标向下拖动曲线上的控制点以向下拉动曲线，从而将素材压暗一点，使对比不要那么强，如图 12-18 所示。

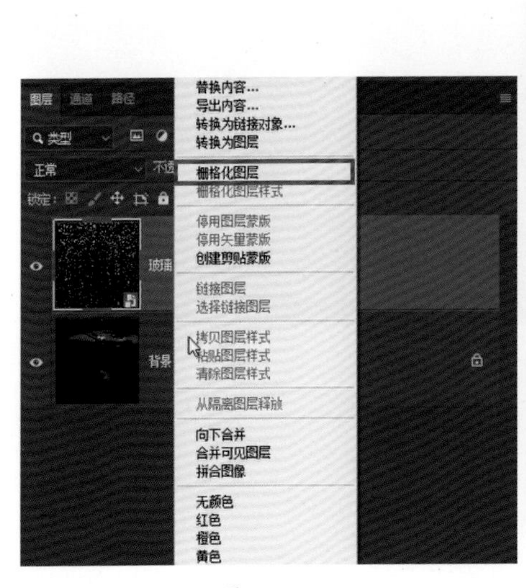

图 12-16

图 12-17

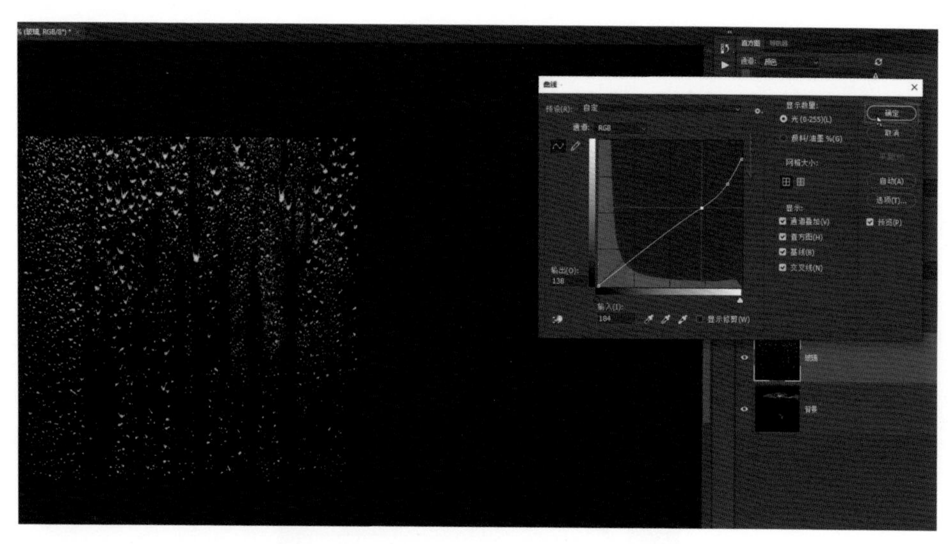

图 12-18

接下来让下方的画面透出来。在素材图层空白处双击，打开“图层样式”对话框，对该图层的暗部进行拆分，按住“Alt”键并用鼠标拖动三角标，可以看到下方的画面已经能隐隐约约地显露出来了，单击“确定”按钮，如图 12-19 所示。

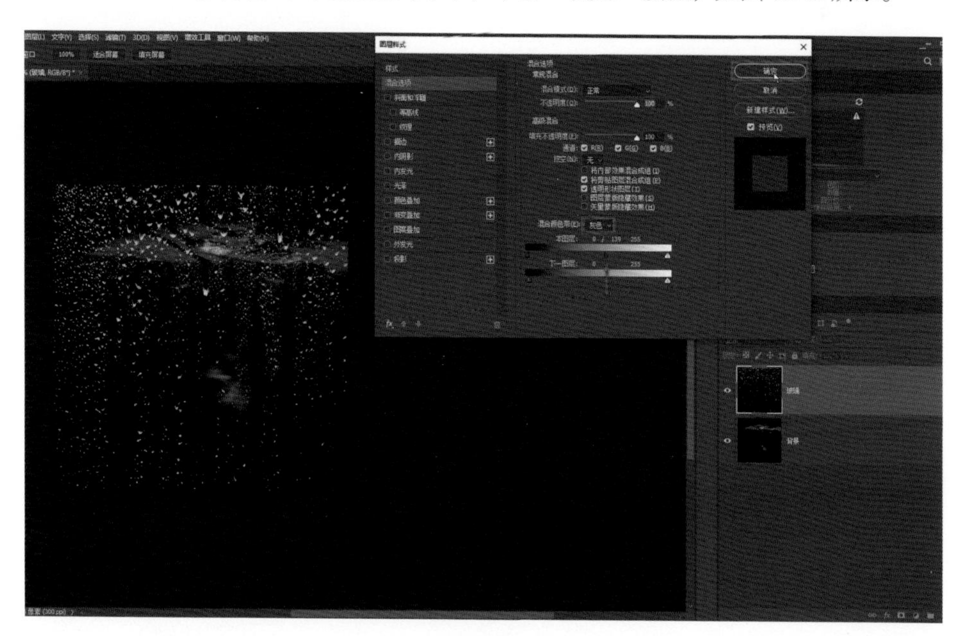

图 12-19

上层的画面实，下层的画面就应该虚，所以可以使下层的画面稍微模糊一点。选中“背景”图层，单击菜单栏中的“滤镜”，选择“模糊”—“高斯模糊”，将“半径”设置为12.5，单击“确定”按钮，如图12-20和图12-21所示。

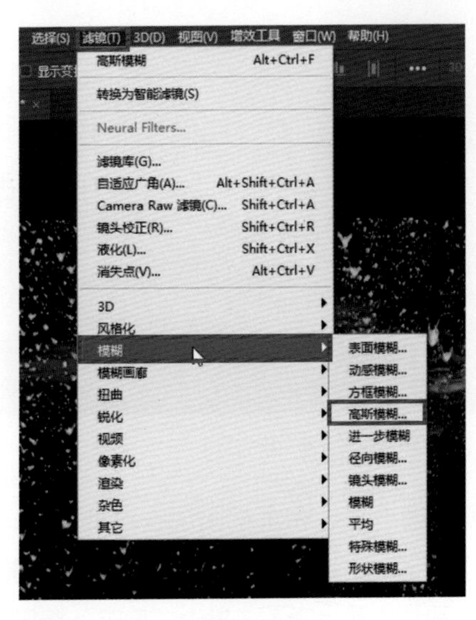

图 12-20

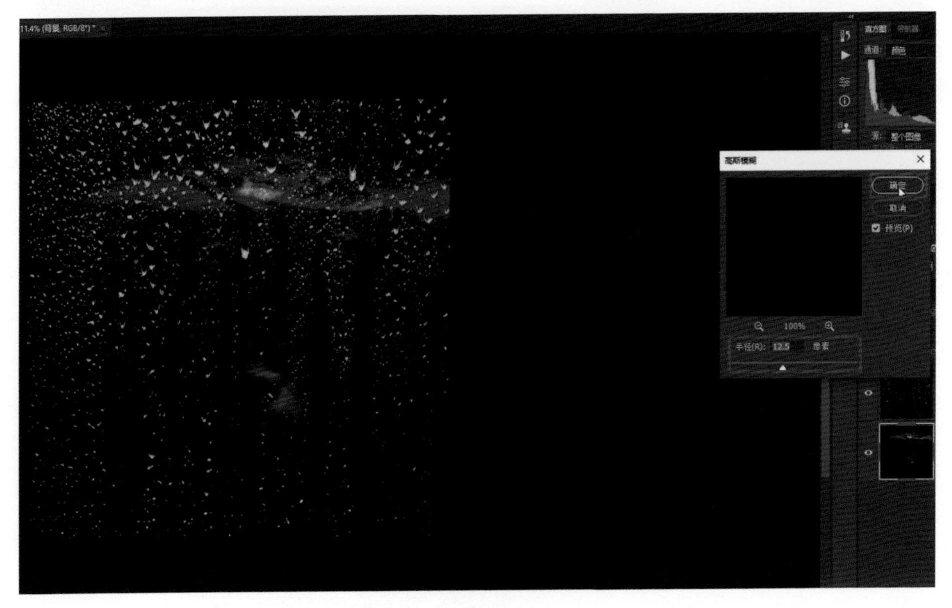

图 12-21

最后，创建曲线调整图层，用鼠标向下拖动曲线上的控制点以向下拉动曲线，将画面整体压暗一些，如图 12-22 所示。这幅作品基本上就制作完成了。

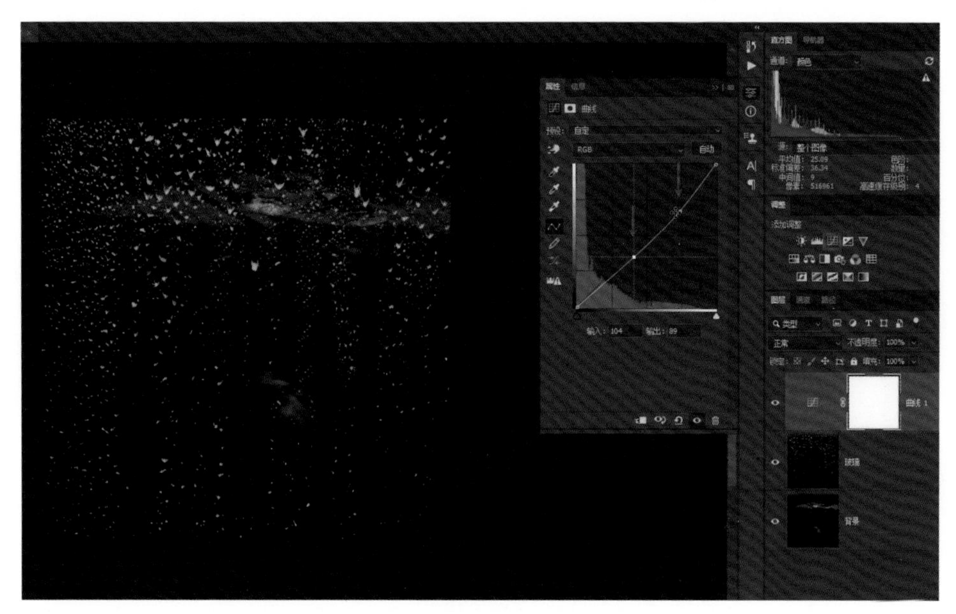

图 12-22

13

第13章

高调禅意之大美

本章讲解如何打造高调禅意之大美。我们看到图 13-1 所示的这样一个画面。这张照片本身就已颇具禅意，处理之后的效果如图 13-2 所示，画面整体形式感、色彩光影，还有意境渲染程度，画面的色彩、简洁度都得到增强。

图 13-1

图 13-2

调整构图透视

首先要对照片进行构图上的调整。选择剪裁工具，在画面任意处单击鼠标右键，在弹出的菜单中选择“长宽比”，选择“自定”，即采用自定义剪裁，如图 13-3 所示。然后拖动裁剪边框的角或边缘手柄以调整构图，如图 13-4 所示。

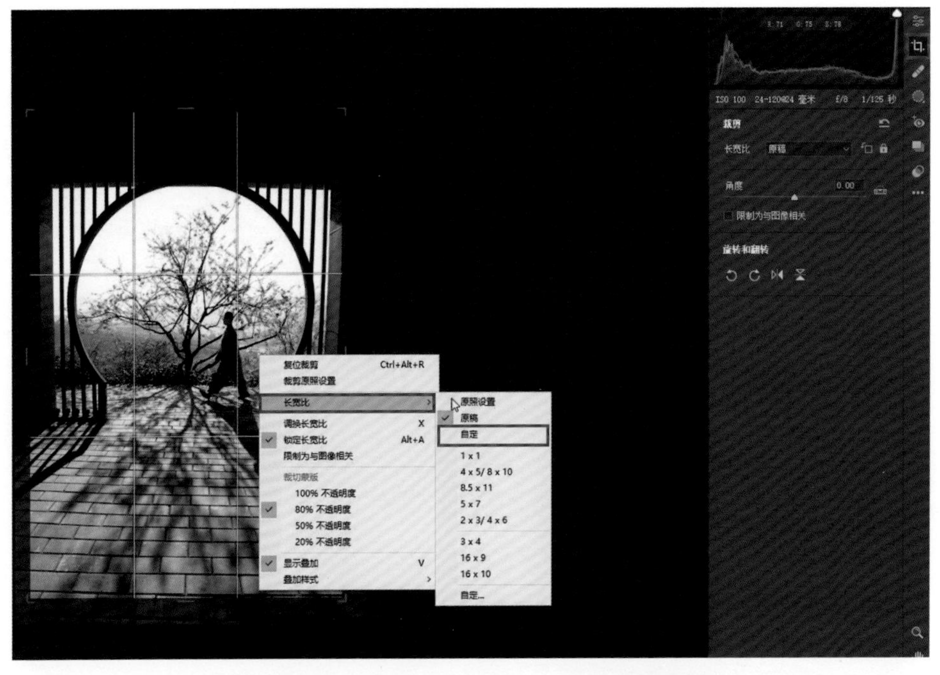
ISO 100 24-120@24 毫米 f/8 1/125 秒
裁剪
长宽比 原稿
角度 0.00
限制为与图像相关
旋转和翻转
复位裁剪 Ctrl+Alt+R
裁剪原照设置
长宽比
调换长宽比 X
锁定长宽比 Alt+A
限制为与图像相关
裁切蒙版
100% 不透明度
80% 不透明度
50% 不透明度
20% 不透明度
显示叠加 V
叠加样式
原照设置
原稿
自定
1 x 1
4 x 5/ 8 x 10
8.5 x 11
5 x 7
2 x 3/ 4 x 6
3 x 4
16 x 9
16 x 10
自定...

图 13-3

图 13-4

通过观察画面可以发现画面的透视关系变形了，一定要矫正回来。在“几何”面板里选择通过使用参考线来对它进行校正，如图 13-5 所示。首先沿地平线画一条参考线，然后以画面中左边的柱子为垂直线，画一条参考线，再以右边的柱子为依据画一条参考线，这样基本上就可以把画面的透视关系调整好，可以看到之前的变形已得到校正。

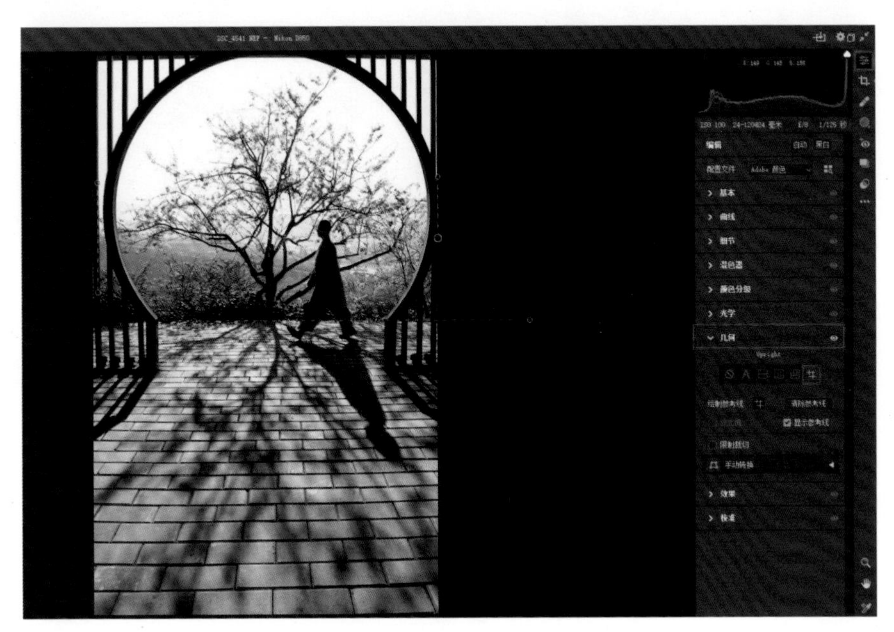

图 13-5

调整整体影调

这张照片其实本身就已呈现出高调的写意风格，只是效果不太明显，一是因为画面中的这个框架存在而造成的，还有一个原因就是地面光影的对比不够强，如果能让框架以及人物影子之外的部分呈现高调的感觉，整个画面就可以显得非常干净。所以经过这样一分析，接下来就是要朝着这样的方向进行调整。首先对整体色调各方面进行调整，切换到“基本”面板，单击“自动”按钮，提高“去除薄雾”的值，如图 13-6 所示。

接下来打开“混色器”面板，降低除红色以外各颜色饱和度的值，并把各颜色明度值提高，红色饱和度的值提高，如图 13-7 和图 13-8 所示。

编辑
自动
黑白
配置文件
基本
白平衡
色温
色调
曝光
对比度
高光
阴影
白色
黑色
纹理
清晰度
去除薄雾
自然饱和度
饱和度
曲线
细节
混色器
颜色分级
光学
打开
取消
完成

图 13-6

编辑
自动
黑白
配置文件
基本
曲线
细节
混色器
饱和度
红色
橙色
黄色
绿色
浅绿色
蓝色
紫色
洋红
颜色分级
光学
几何
效果
校准
打开
取消
完成

图 13-7

图 13-8

因为背景呈冲光效果，所以在“光学”面板里面勾选“删除色差”复选项，如图 13-9 所示。

图 13-9

在 ACR 中的调整已基本上完成，再重新调整一下构图后，就可以单击“打开”按钮，如图 13-10 所示，进入 PS 操作界面。

图 13-10

创建椭圆选区保护人物和光影

在 PS 处理中首先要保护人物和光影。创建选区之前有必要再纠正一下透视，因为刚刚进行的透视校正效果不是特别理想。按键盘上的“Ctrl+J”组合键复制图层，然后单击菜单栏中的“编辑”，选择“自由变换”，在画面任意位置单击鼠标右键，在弹出的菜单中选择“透视”，稍微拉一下，如图 13-11 到图 13-13 所示。

拼合图像并创建选区，由于画面中门框是圆框，可以考虑使用椭圆选择工具，按住“Shift”键并拖动鼠标以创建选区，如图 13-14 所示。

图 13-11

图 13-12

图 13-13

图 13-14

移动选区，使其与门框吻合，不理想的地方，可以单击菜单栏中的“选择”，选择“变换选区”进行调整，这一功能与自由变换类似，只不过变换的是选区而不是画面，如图 13-15 所示。

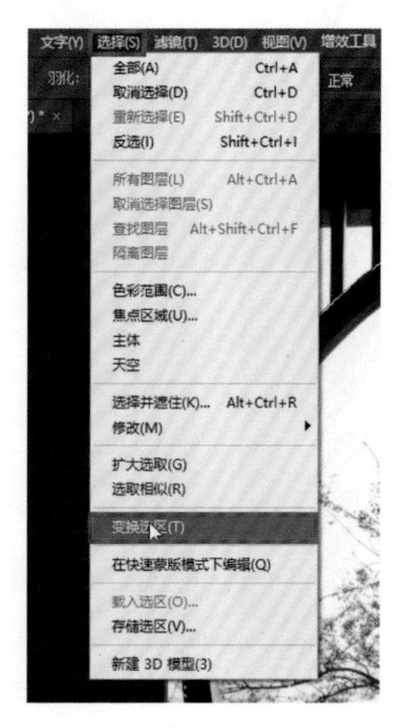

图 13-15

可以大胆地调整，如图 13-16 所示，像这样就很好了，选区能完美契合门框部分。

图 13-16

使用快速选择工具，使地面部分也包含在选区中，包括地面的影子与栏杆，一定要细致一点，如图 13-17 所示。选区创建好后单击菜单栏中的“选择”，选择“反选”，如图 13-18 所示。

图 13-17

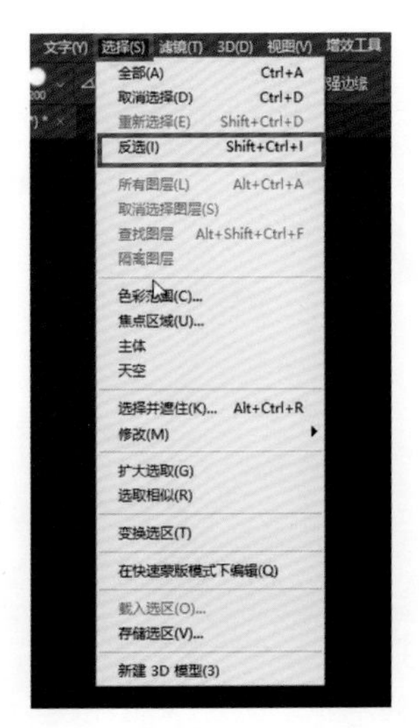

图 13-18

添加白色背景

单击“创建新的调整图层”按钮，选择“纯色”，填充白色，单击“确定”按钮，如图 13-19 和图 13-20 所示。

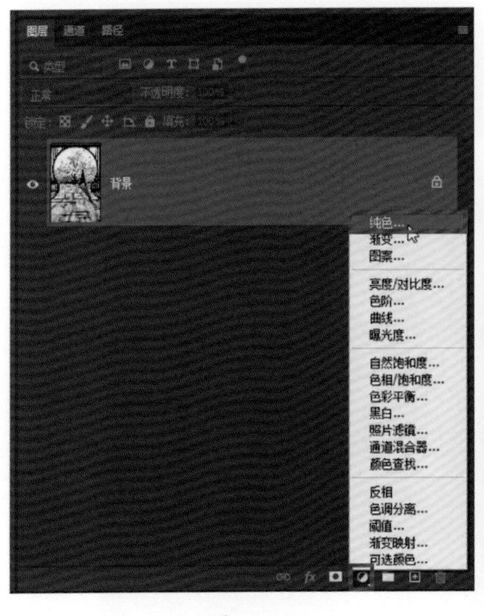

图 13-19

图 13-20

门框内一部分没有填充上白色，如图 13-21 所示。可以用仿制图章工具涂抹进行补充，不过在补充之前要先将纯色填充图层羽化，如图 13-22 所示。

图 13-21

图 13-22

用椭圆选择工具对画面中的花进行保护。如图 13-23 所示，创建一个选区，选区边缘要能与门框内边缘贴合，然后在选区内单击鼠标右键，并在弹出的菜单中选择“羽化”，将“羽化半径”设为 1，如图 13-24 所示。

图 13-23

图 13-24

拼合图像，然后用仿制图章工具处理门框边缘，如图 13-25 所示。仿制图章工具是比较万能的工具，很多情况下都用得上。

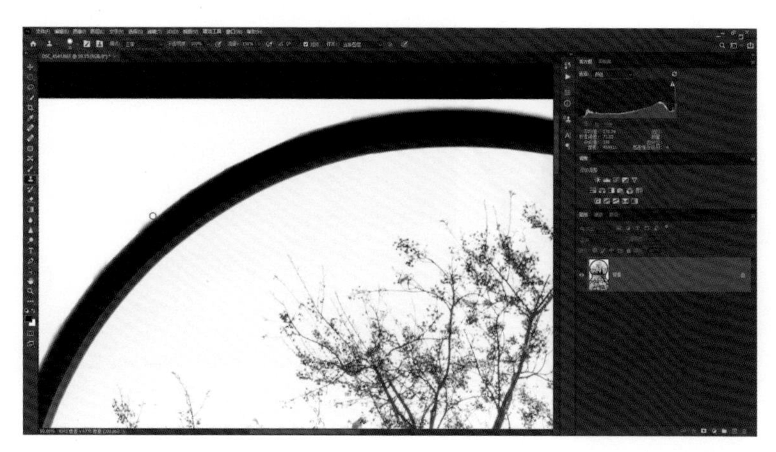

图 13-25

打造朦胧效果

通过键盘上的“Ctrl+J”组合键复制图层，单击菜单栏中的“滤镜”，选择“滤镜库”，如图 13-26 所示。找到扭曲分组中的“扩散高光”，提高“发光量”和“清除数量”的值，其中“清除数量”值的提高可以找回暗部的细节，再稍微提高“粒度”的值，可以看到朦胧的感觉就出来了，单击“确定”按钮，如图 13-27 所示。

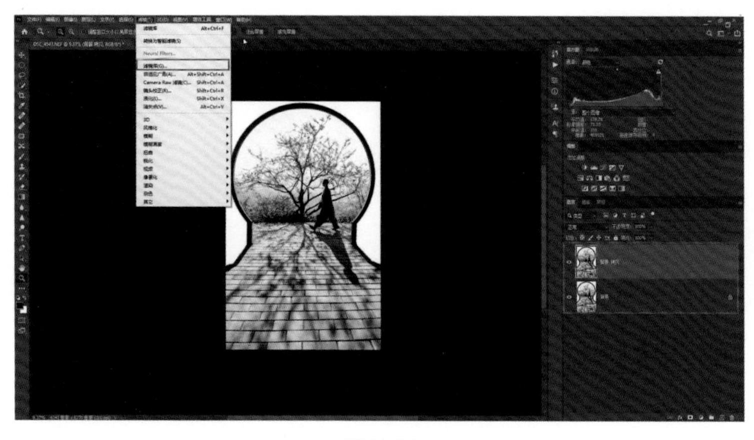

图 13-26

图 13-27

然后把被扩散高光滤镜遮挡的花擦回来。单击“添加图层蒙版”按钮，使用画笔工具，将前景色设置为黑色，“不透明度”调为 40%，按住鼠标左键并拖动以涂抹花朵，如图 13-28 所示。

图 13-28

创建自然饱和度调整图层，将“自然饱和度”和“饱和度”的值提高，如图 13-29 所示。

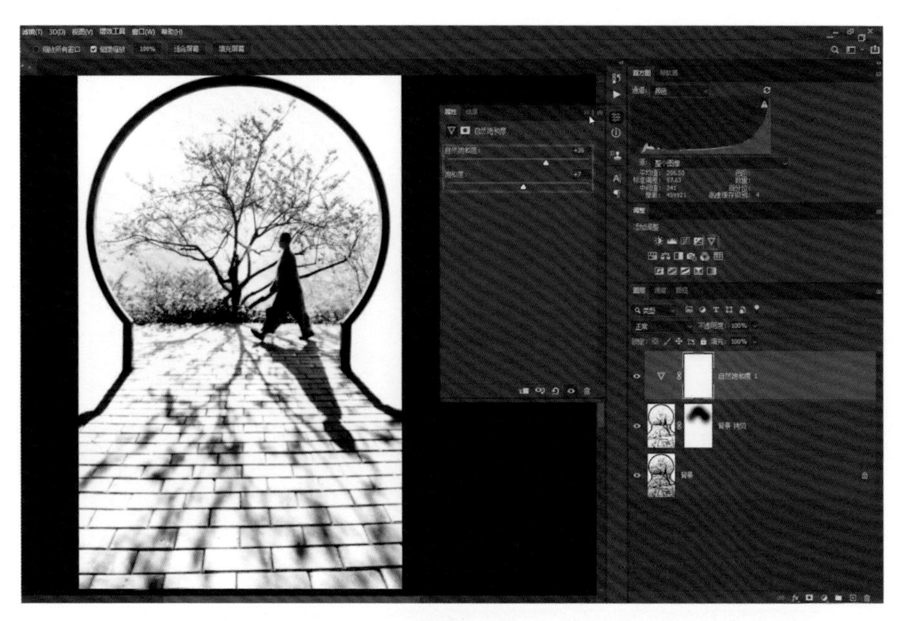

图 13-29

用套索工具选取画面中发黄的部位，如图 13-30 所示。创建色彩平衡调整图层，加一点冷色调，然后双击“色彩平衡 1”图层的蒙版，提高“羽化”的值，如图 13-31 和图 13-32 所示。

图 13-30

图 13-31

图 13-32

统一画面质感

这张照片已经制作得差不多了，最后再使画面质感统一即可。创建曲线调整图层，用鼠标向下拖动曲线上的控制点以将曲线稍微下拉一点，以对整体影调和色调进行调整，如图 13-33 所示。

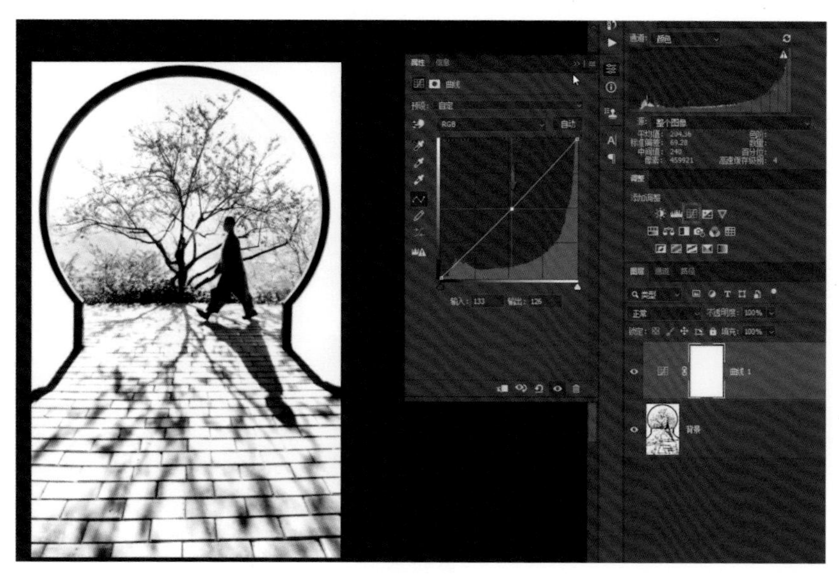

图 13-33

拼合图像并复制图层，由于刚刚应用了扩散高光，所以一定要添加杂色，才能让整个画面的质感统一。单击菜单栏中的“滤镜”，选择“杂色”—“添加杂色”，将数量设为 1%，选择“高斯分布”，勾选“单色”复选框，然后单击“确定”按钮，如图 13-34 和图 13-35 所示。

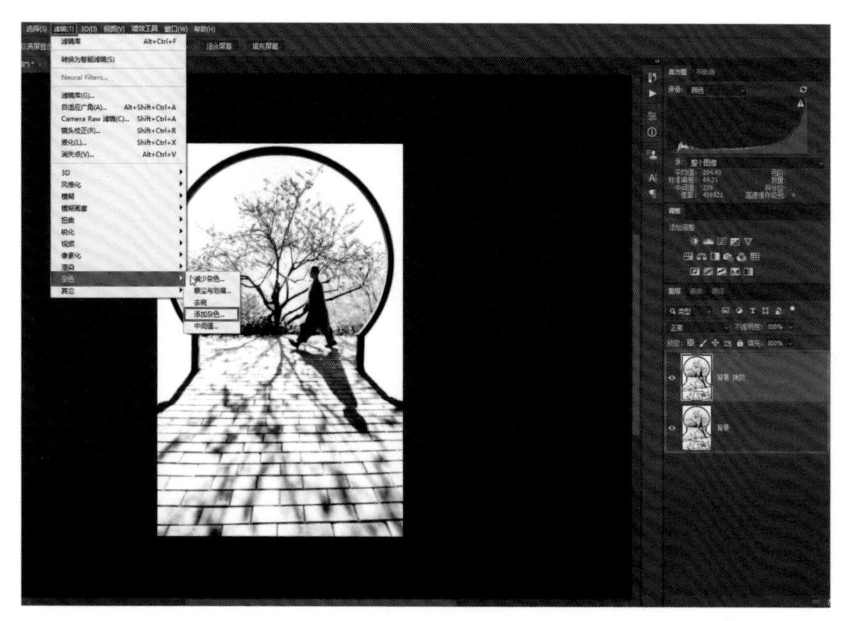

图 13-34

图 13-35

14

第14章

极致风光作品影调明暗层次处理方法

本章讲解极致风光作品的影调明暗层次处理方法。我们首先看图 14-1 所示的这张案例图片，这是拍摄于黄山的照片，云雾缭绕，仙气飘飘，因而后期时要注意明暗层次和色彩变化。处理后的效果如图 14-2 所示，经过调整，画面的意境完全不一样了，山体也非常完整，影调的明暗层次和色彩变化也变得非常高级。

图 14-1

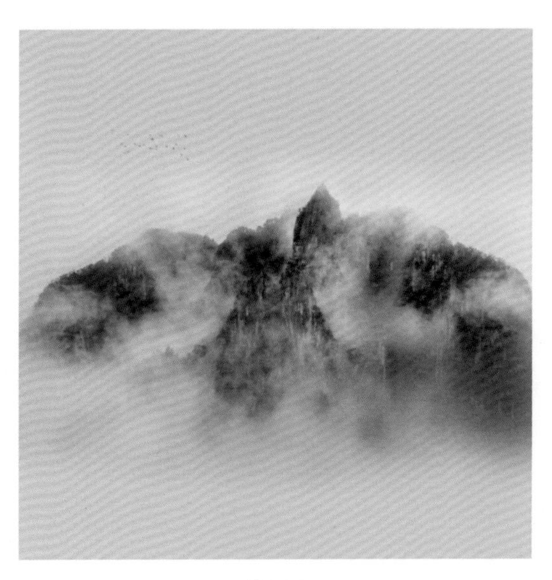

图 14-2

调整整体影调

这一步操作主要是控制整体影调的细节层次。单击“自动”按钮，高光部分尽量不要过曝，增加“去除薄雾”的值，接下来单击“打开”按钮，如图 14-3 所示，进入 PS 操作界面。

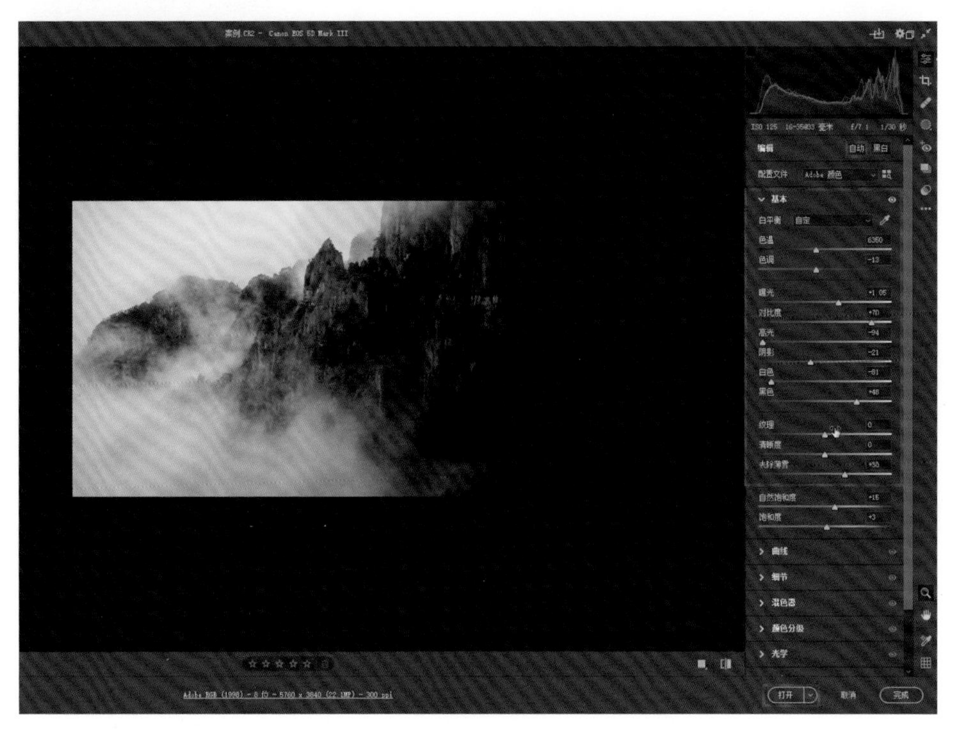

图 14-3

首先将画面上半部分的高光部分压暗一点。通过键盘上的“Ctrl+J”组合键复制图层，将仿制图章的混合模式改为“变暗”，按住鼠标左键涂抹画面上方的高光区域，还原一些细节，如图 14-4 所示。

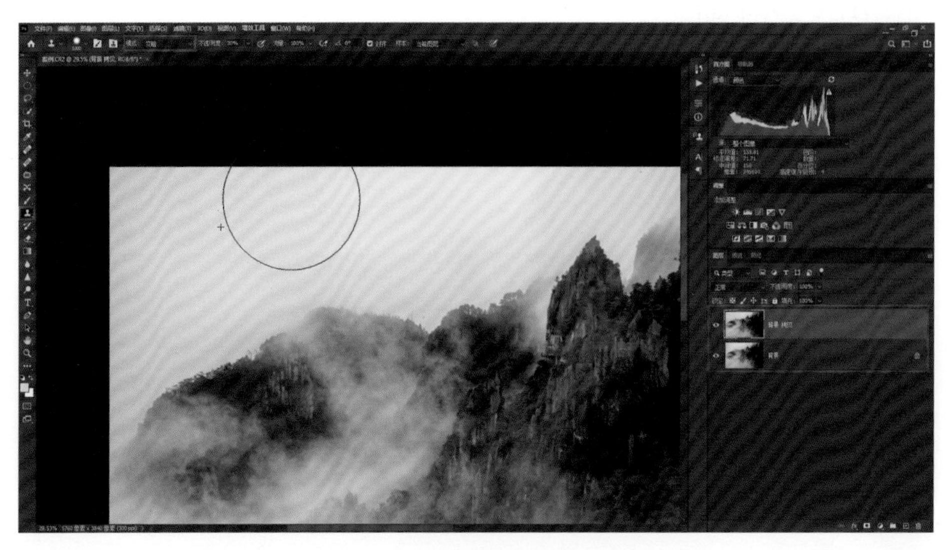

图 14-4

接下来创建曲线调整图层，用鼠标向下拖动曲线上的控制点来稍微下拉曲线，通过调整曲线将整体影调层次再次加强，如图 14-5 所示。

图 14-5

利用山体重组画面

合并图层，选用套索工具，把山体部分选取出来，单击菜单栏中的“图层”，选择“新建”—“通过拷贝的图层”，如图 14-6 所示。

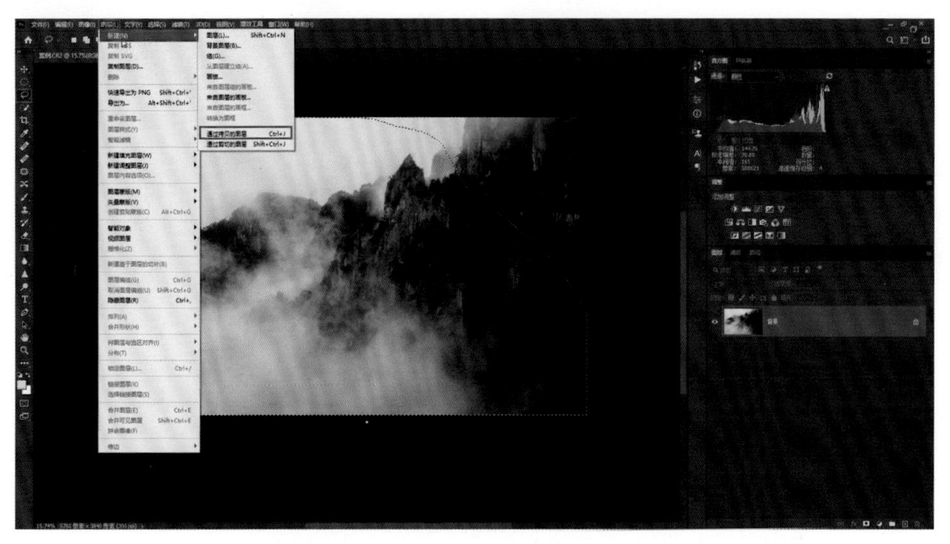

图 14-6

然后对“图层 1”进行去色处理。单击菜单栏中的“图像”，选择“调整”—“去色”，把“背景”图层隐藏起来，如图 14-7 和图 14-8 所示。

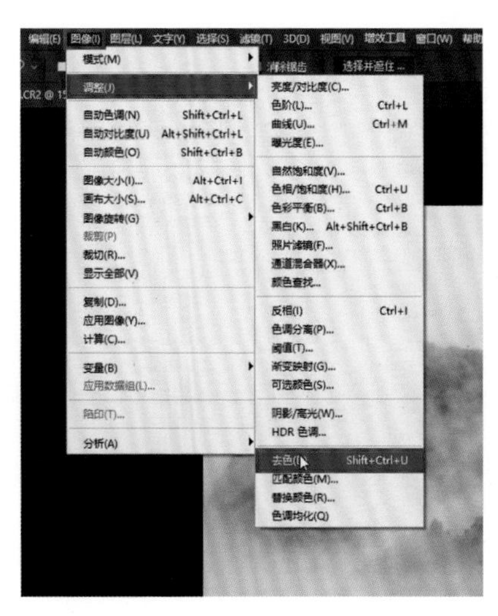

图 14-7

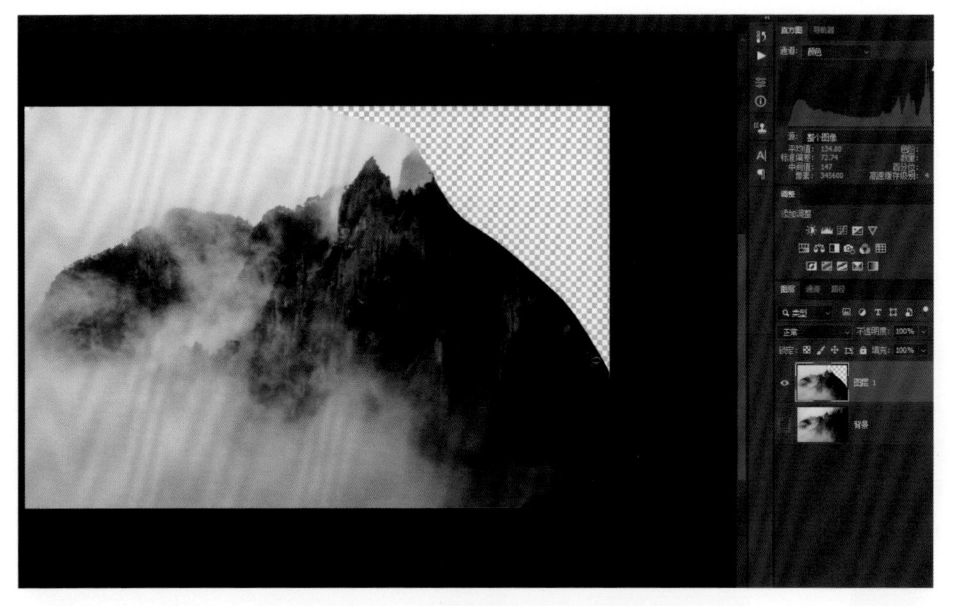

图 14-8

对于“图层 1”，通过调整曲线加强对比。单击菜单栏中的“图像”，选择“调整”—“曲线”，将曲线调整为 S 形，使画面中暗的暗下去，亮的亮起来，如图 14-9 和图 14-10 所示。

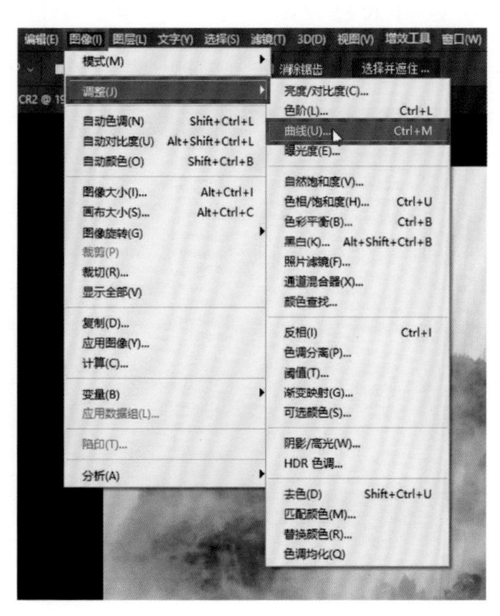

图 14-9

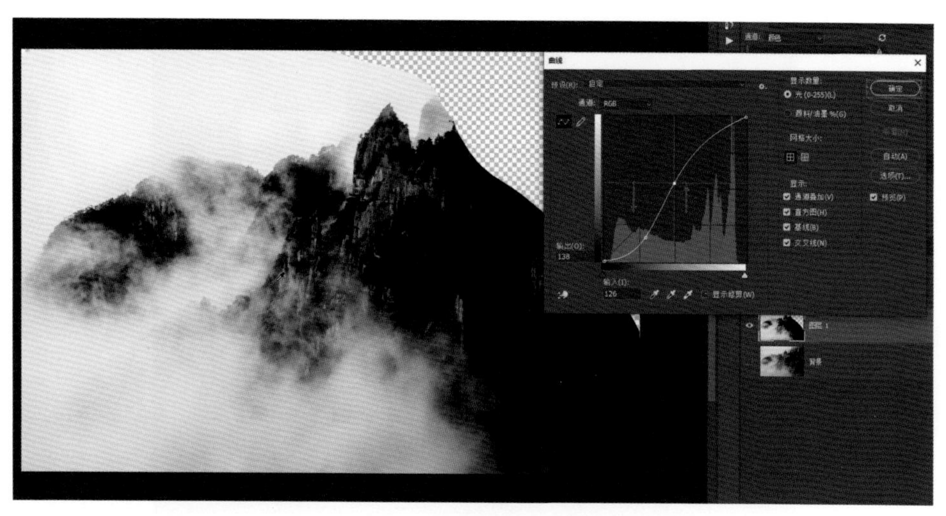

图 14-10

然后使位于下方的“背景”图层显示出来，选中位于上方的“图层 1”，按键盘上的“Ctrl+T”组合键进行自由变换，单击鼠标右键并在弹出的菜单中选择“水平翻转”，把画面中云雾缭绕的场景翻转到画面另一侧，如图 14-11 和图 14-12 所示。

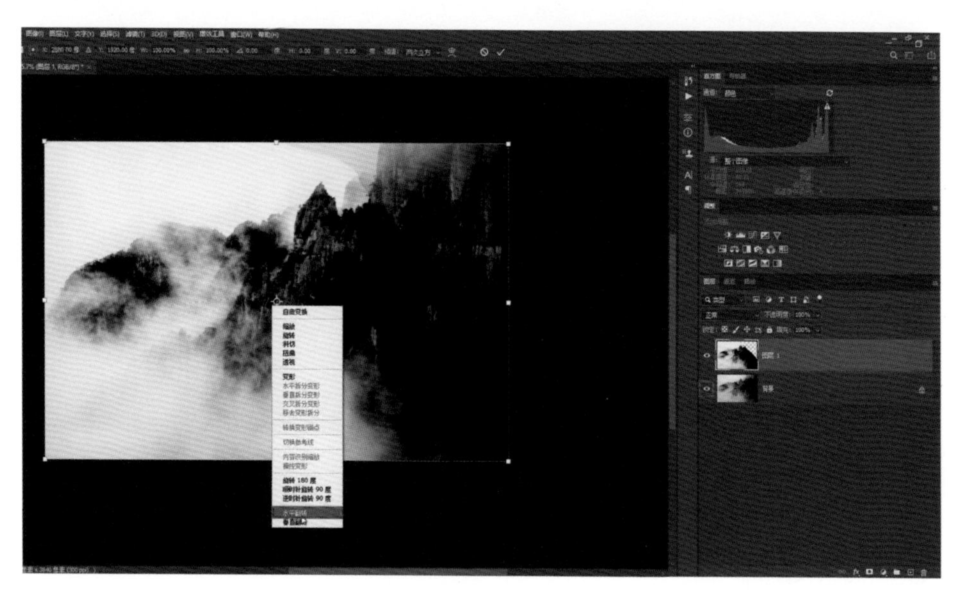

图 14-11

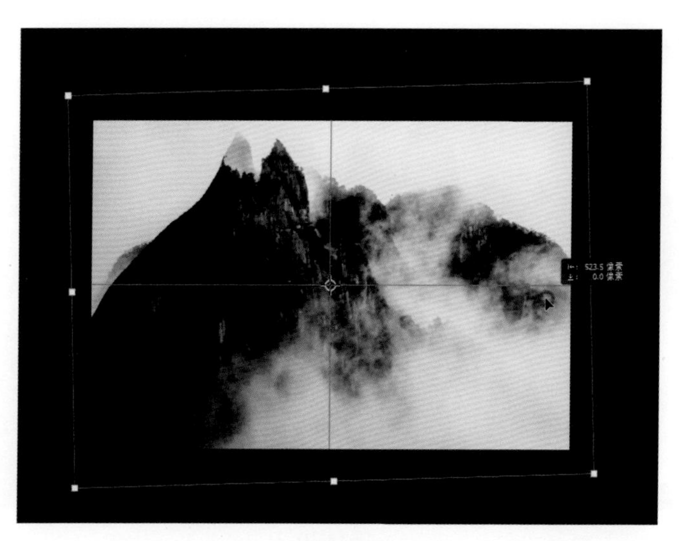

图 14-12

将“图层 1”的混合模式改成“滤色”，如图 14-13 所示。

图 14-13

统一画面色调

由于我们不能破坏画面的原有影调，所以要添加蒙版，并将前景色设置为黑色，使用渐变工具，选择径向渐变，将“不透明度”设为 80%，拉动翻转后山体的边缘，使边缘处过渡自然，如图 14-14 所示。

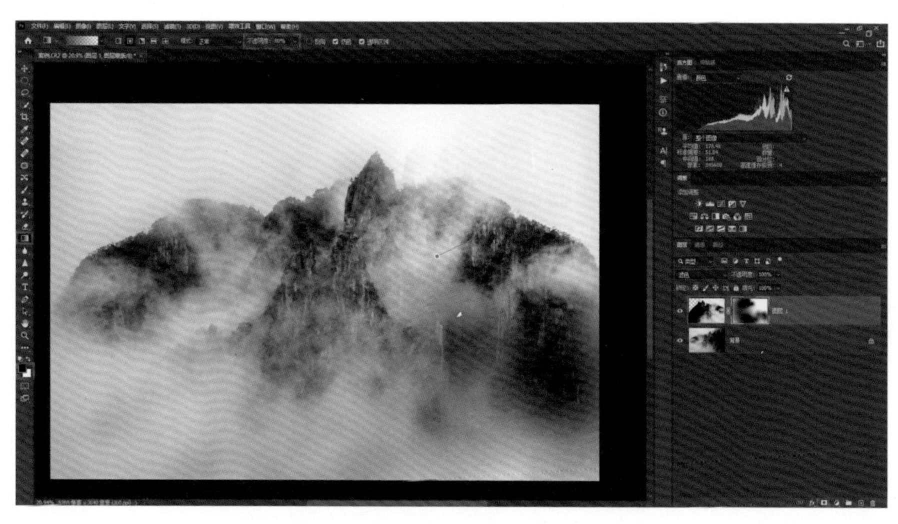

图 14-14

对画面泛黄部位单独进行调整。创建曲线调整图层，单击“剪切”按钮，这样将只对在下的“图层 1”起作用，加点青色让泛黄部位与左边色调统一，即在“红”通道中用鼠标向下拖动曲线上的控制点来稍微下拉曲线，如图 14-15 所示。

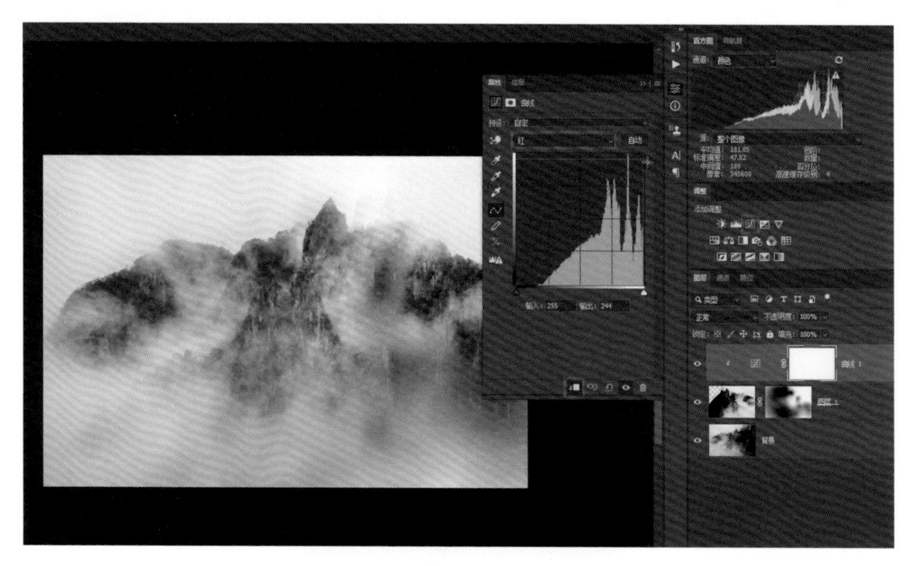

图 14-15

在“蓝”通道下用鼠标向上拖动曲线上的控制点以稍微向上拉动曲线，为画面加点蓝色，这样色调就统一了，如图 14-16 所示。

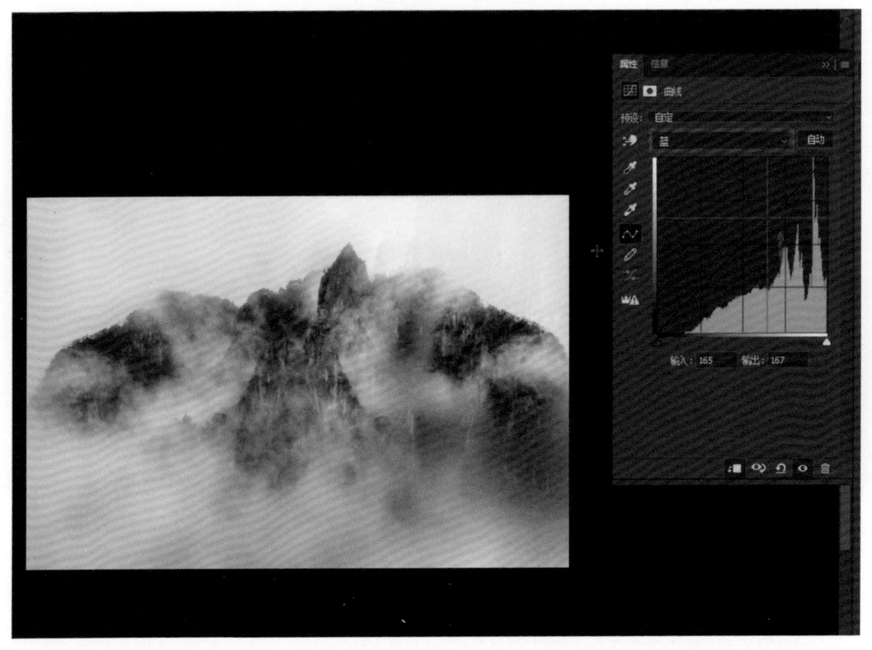

图 14-16

接下来将画面中不需要的纹理涂抹掉。在图层空白处单击鼠标右键，在弹出的菜单中选择“拼合图像”，用吸管工具吸取画面右上角的颜色，添加一个新图层，用画笔工具涂抹画面右上角，如图 14-17 ～图 14-19 所示。

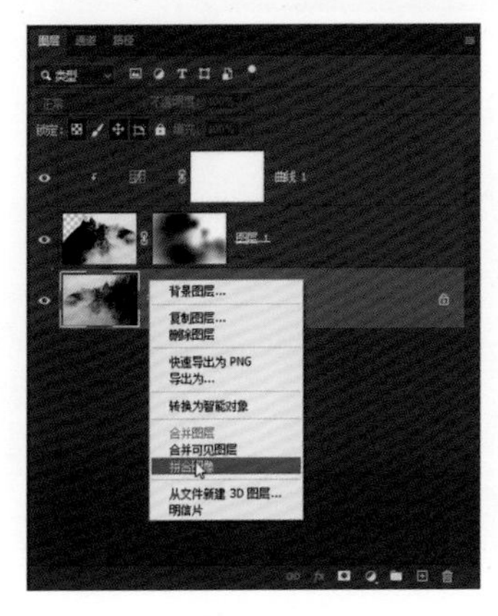

图 14-17

图 14-18

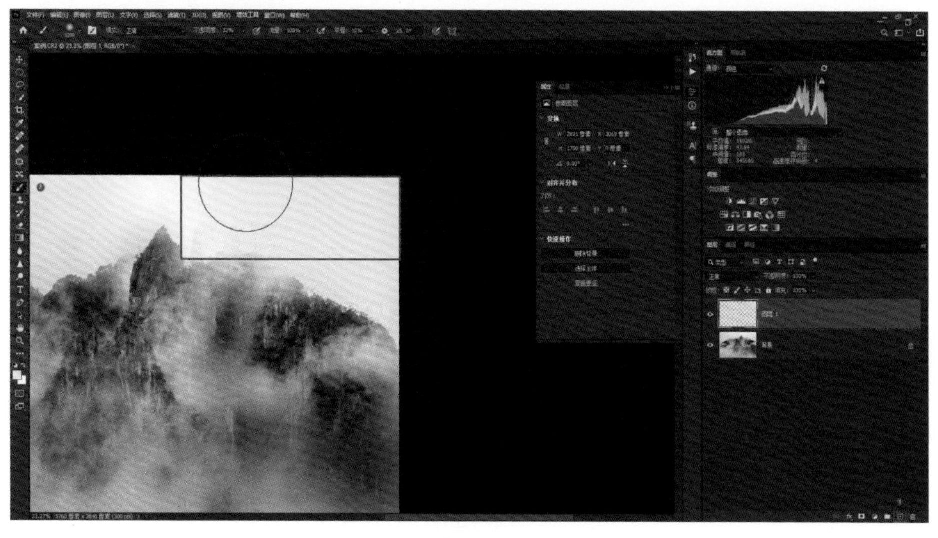

图 14-19

如果觉得画面右上角还有点偏红，可以把这一区域选取出来，然后创建色彩平衡调整图层，为该部分加点青色、蓝色和绿色，让该区域与整个画面更协调统一，如图 14-20 和图 14-21 所示。

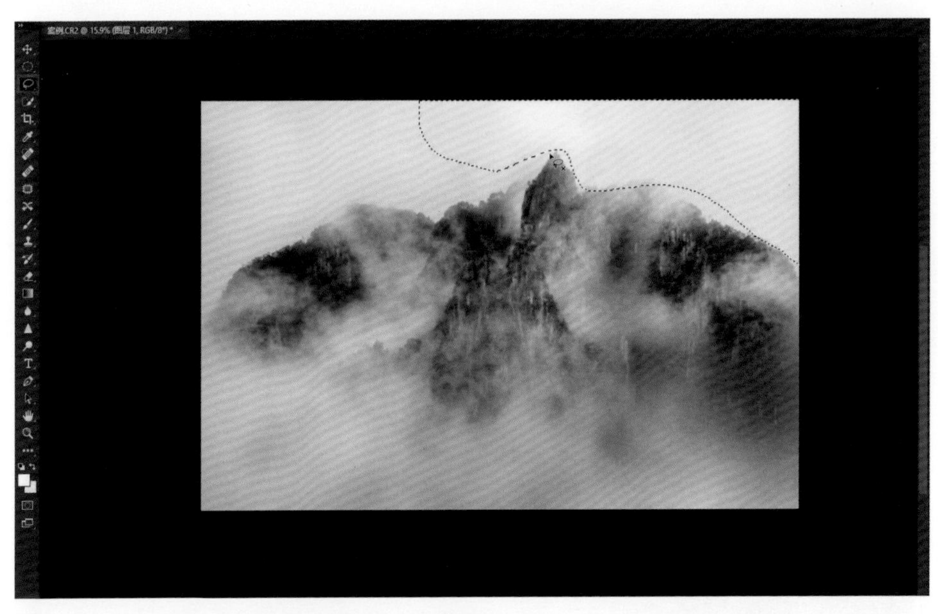

图 14-20

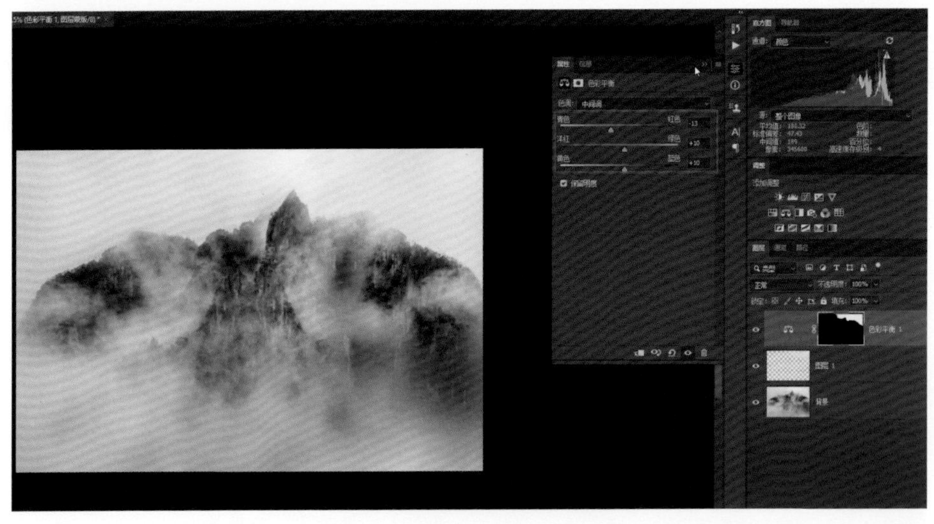

图 14-21

拓展画布

拼合图像，然后解锁图层，如图 14-22 所示。

用裁剪工具拖动裁剪框手柄形成空白区域，上方可以多留一些空白，用移动工具拖拽图像调整位置，如图 14-23 和图 14-24 所示。

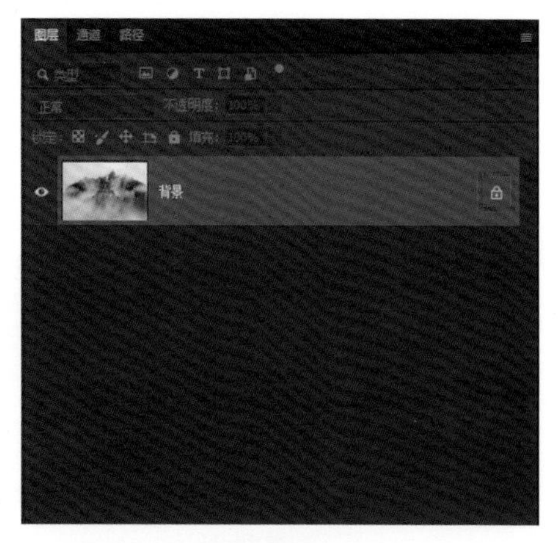

图 14-22

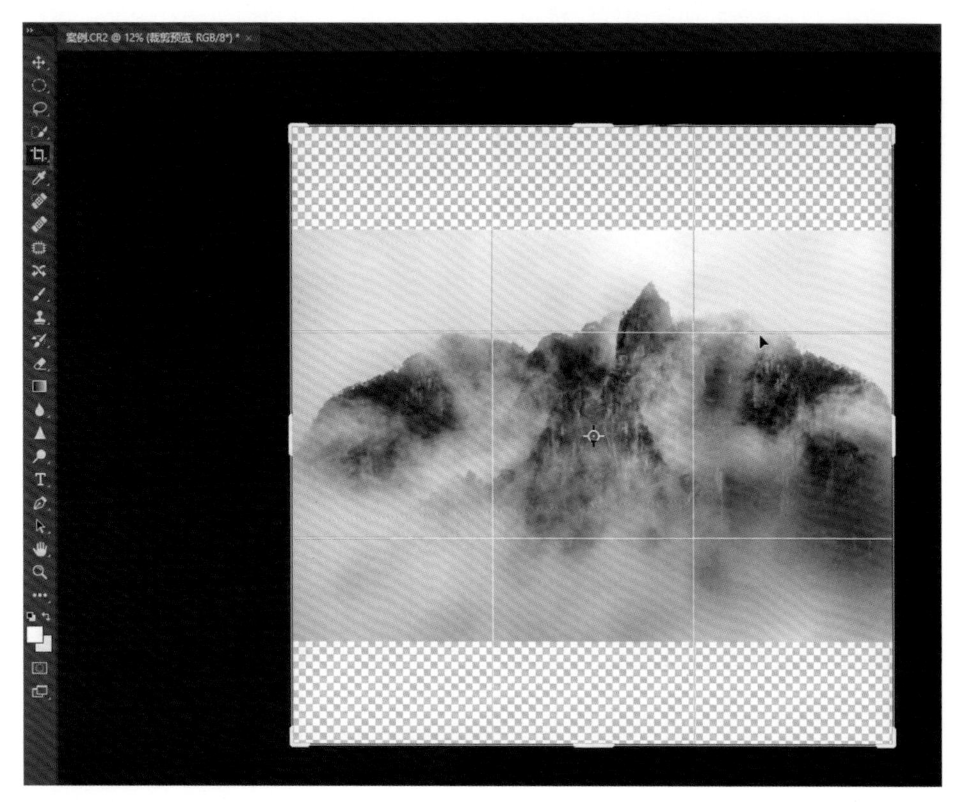

图 14-23

然后用吸管工具选取画面边缘的颜色，如图 14-25 所示。

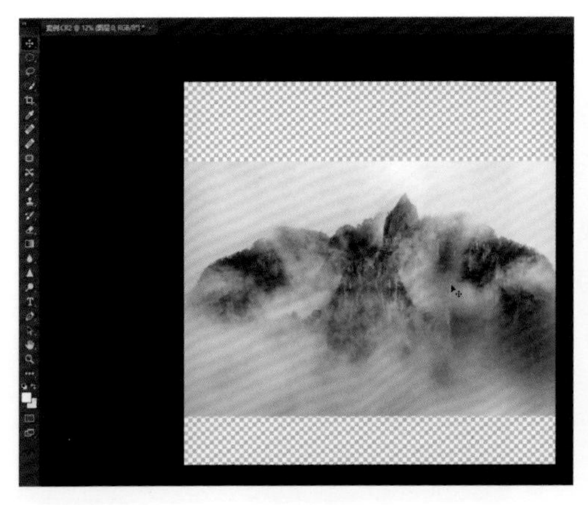

图 14-24

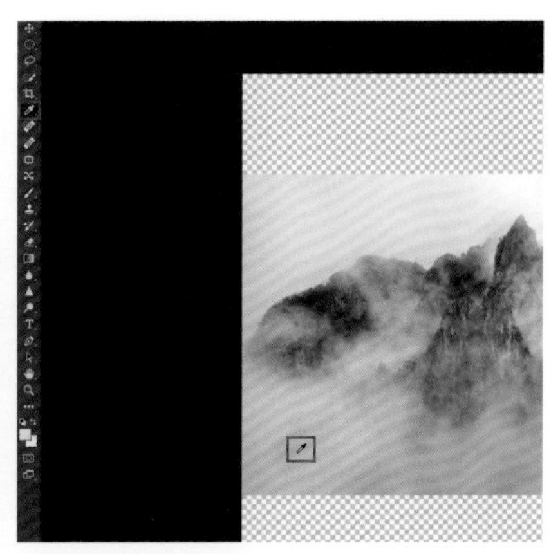

图 14-25

单击“创建新的调整图层”按钮，选择“纯色”，创建纯色调整图层，将纯色图层放到最下方，如图 14-26 和图 14-27 所示。

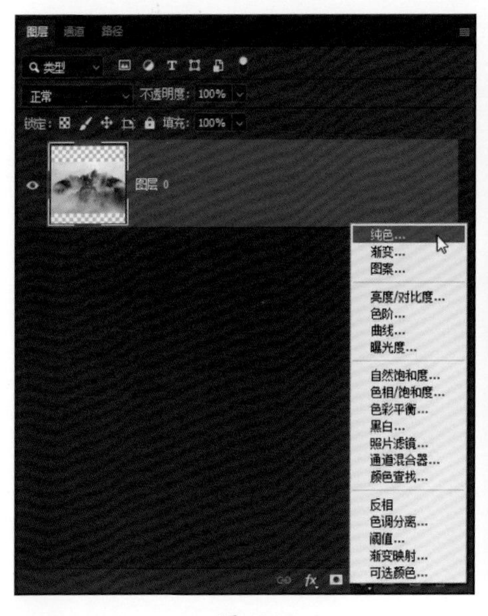

图 14-26

图 14-27

还可以更换背景颜色，单击“图层缩览图”图标，选取希望的颜色，单击“确定”按钮，如图 14-28 所示。然后让边缘过渡自然，给“图层 0”添加蒙版，选择渐变工具，选择线性渐变，在边缘处按住鼠标左键并从外向内拉动，慢慢调整使边缘过渡自然，如图 14-29 所示。

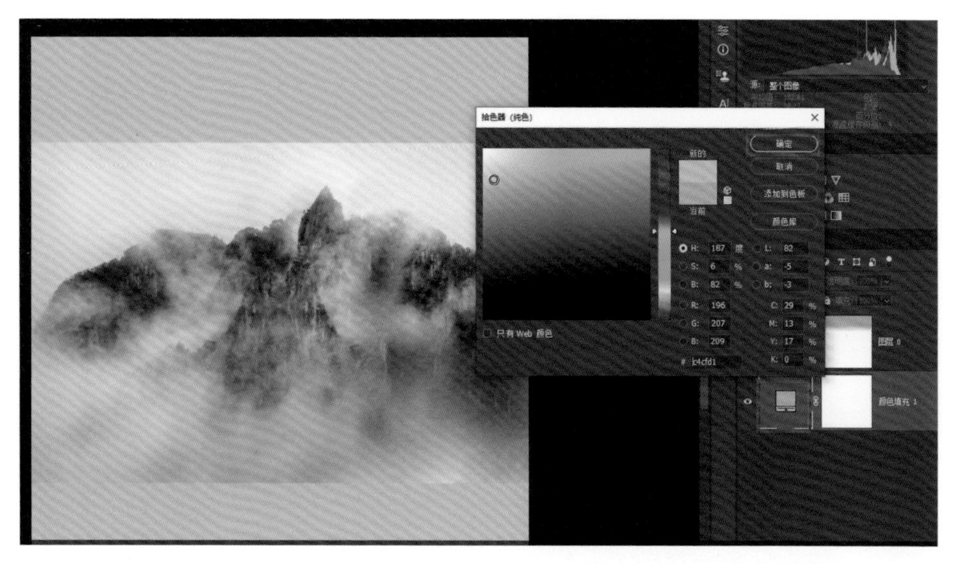

图 14-28

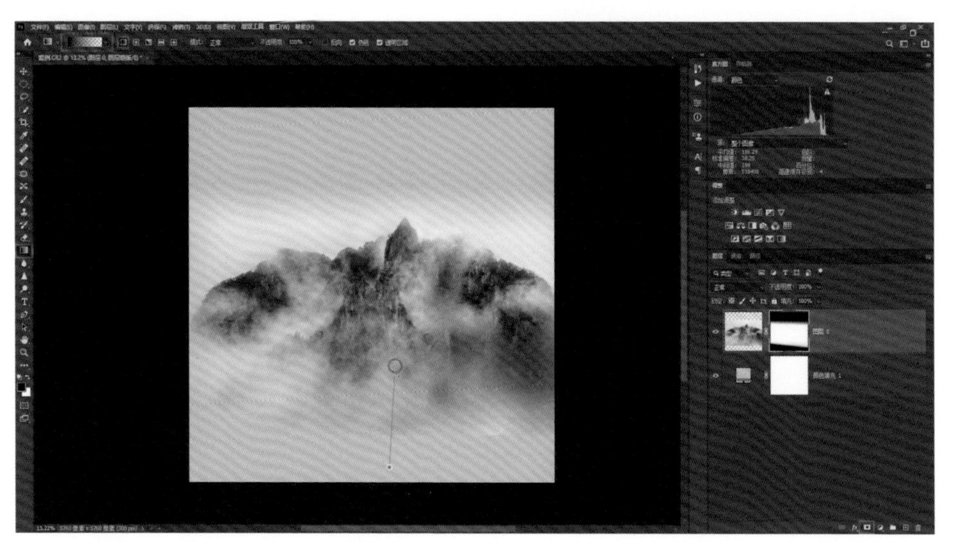

图 14-29

最后可以再创建一个曲线调整图层，调整以形成平缓的 S 形曲线，从而增强画面的对比度，如图 14-30 所示。

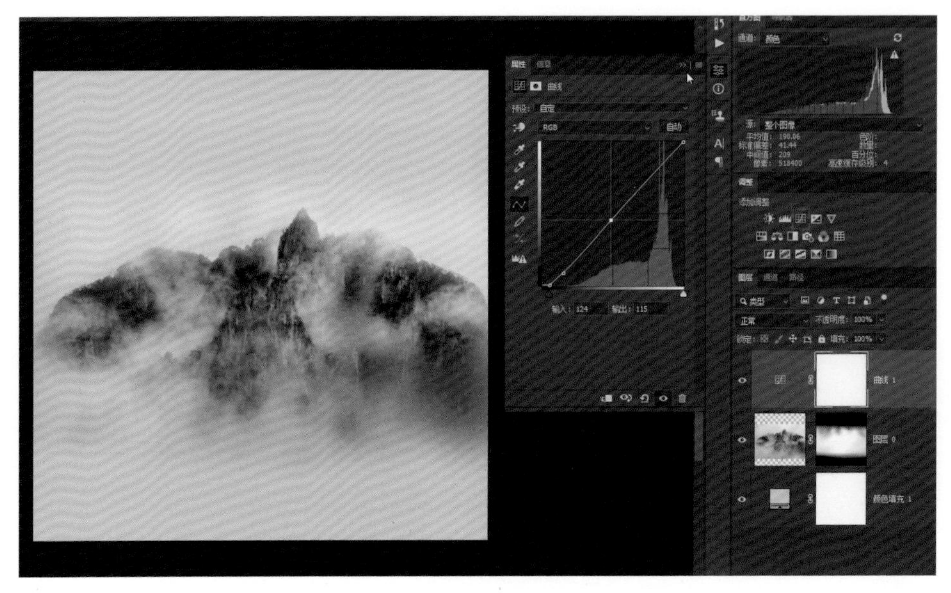

图 14-30

添加飞鸟素材

拖入素材，将其放在合适的位置，如图 14-31 所示。

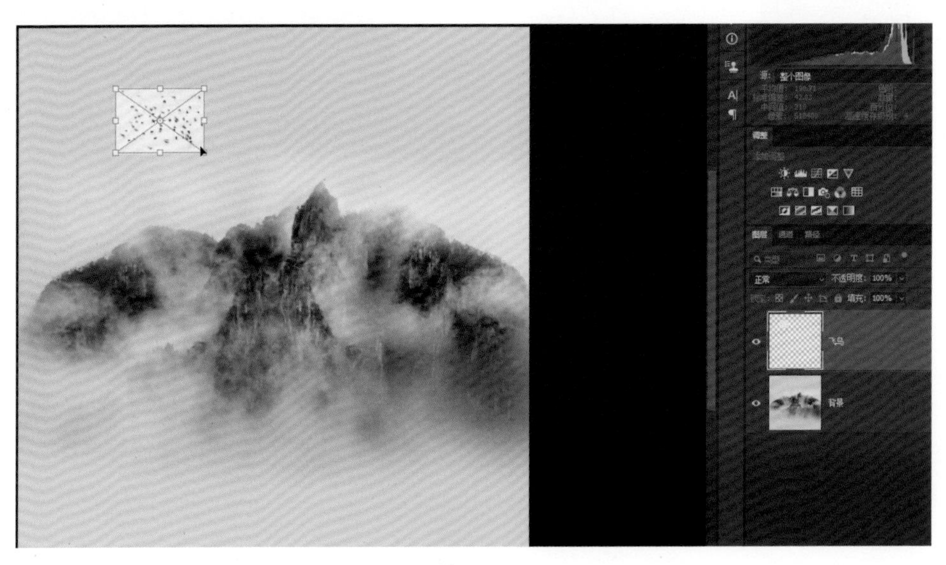

图 14-31

在素材图层上单击鼠标右键，在弹出的菜单中选择“栅格化图层”，使素材图层栅格化，将图层混合模式改成“正片叠底”，如图 14-32 所示。

图 14-32

一般来说，如果背景是亮的，就使用正片叠底。但是这张照片的背景不是纯白的，所以要再针对素材图层调整一下。单击菜单栏中的“图像”，选择“调整”—“曲线”，调整以形成平缓 S 形的曲线，使素材与背景融合即可，如图 14-33 和图 14-34 所示。

图 14-33

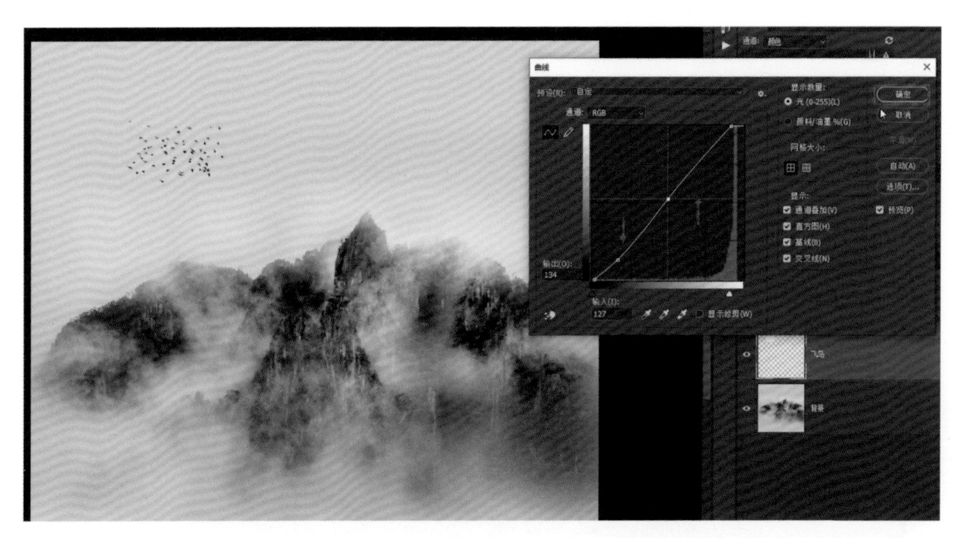

图 14-34

如果觉得飞鸟数量太多可以适当削减掉。给素材层添加蒙版，选择画笔工具并将前景色设置为黑色，用画笔工具将多余的鸟擦掉，如图 14-35 所示。

图 14-35

将素材层的不透明度和填充的值均稍微降低一点，如图 14-36 所示，这张照片基本上就制作完成了。

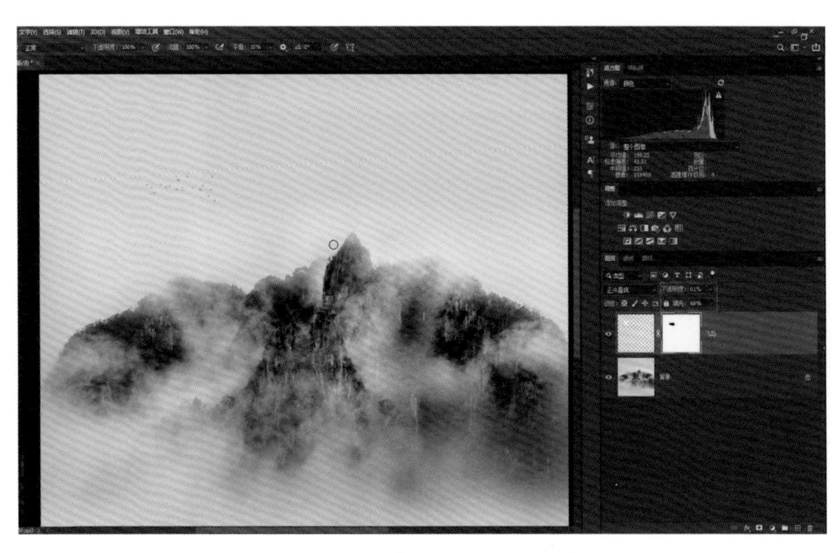

图 14-36

统一画面质感

最后可以再进行高反差保留锐化，这步操作一定要在后期处理的最后再做。先拼合图像然后复制图层，单击菜单栏中的“滤镜”，选择“其它”—“高反差保留”，将“半径”设为 1，如图 14-37 和图 14-38 所示。

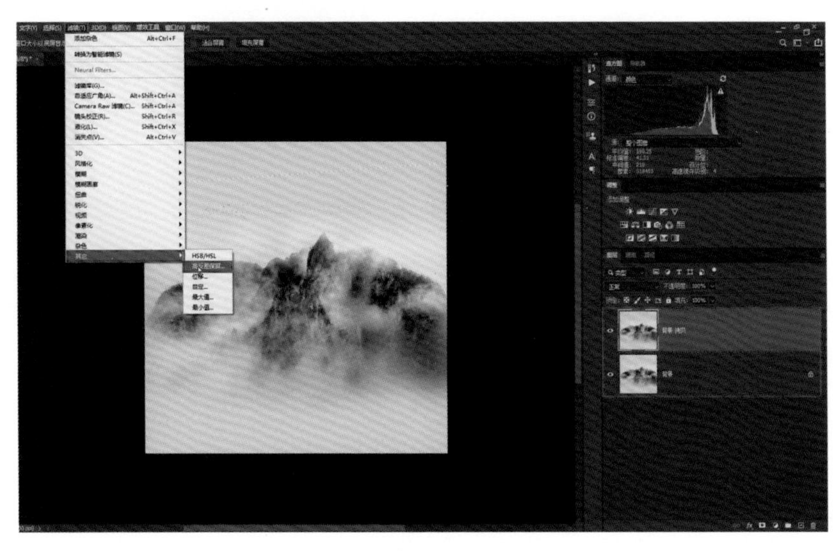

图 14-37

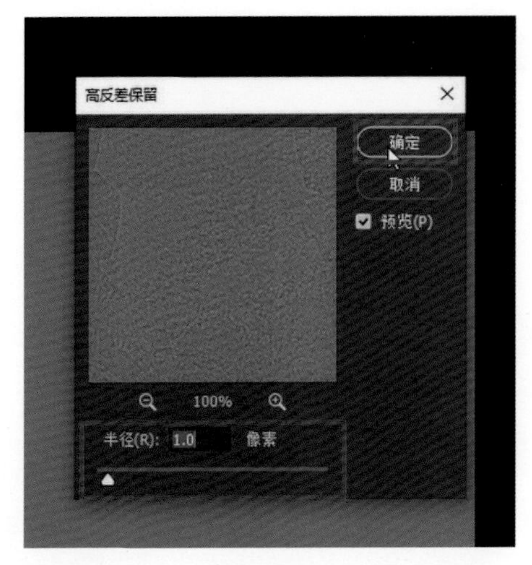

图 14-38

将图层混合模式改为“叠加”，如图 14-39 所示。

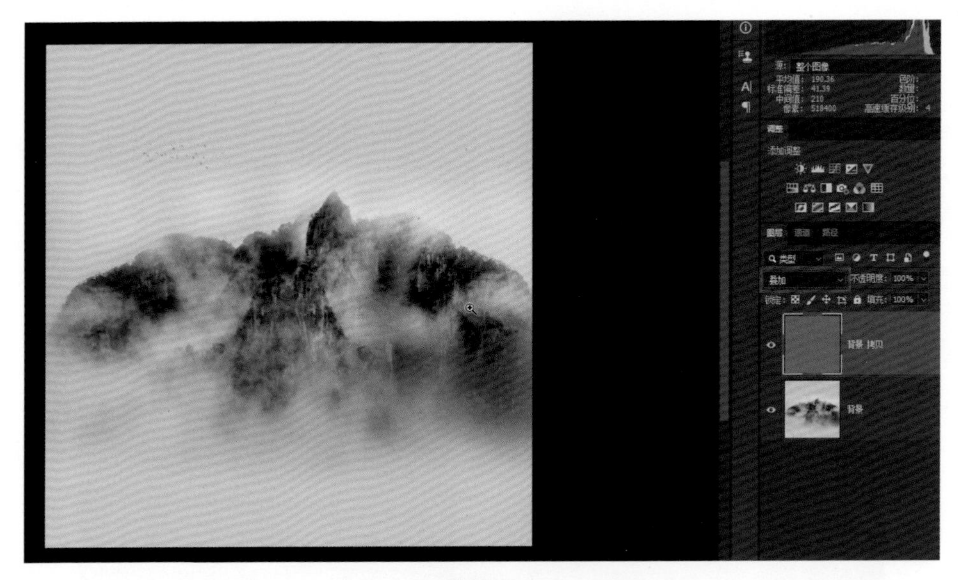

图 14-39

回顾整个调整过程可以发现，如果只在原图的基础上进行调整，那么无论做什么处理都不太能让效果出彩，因为原图中山体部分并不完整，所以大家可以尝试本案例中介绍的这种大胆的做法，也就是说用复制画面中已有部分进行拼接来解决不完整的问题，这就是本章极致风光作品影调明暗层次的处理方法。

15

第15章

摄影后期影调之软调调整

本章讲解如何进行摄影后期影调之软调调整。大家可以看到如图 15-1 所示的这样一张照片。由于这张照片是在雾天拍摄的，大家千万不要加强对比、提高通透度，然后再增强作品的立体感，因为如果这样做的话，就无法突显出雾天的朦胧神秘效果了。类似于本案例这种阴天、雾天、阴雨天所拍摄的画面，通透度都是不足的。这类照片调整影调的核心是能形成软调黑白灰，即这张照片要制作出灰调的效果，但又不能是完全没有层次、没有空间感。

图 15-1

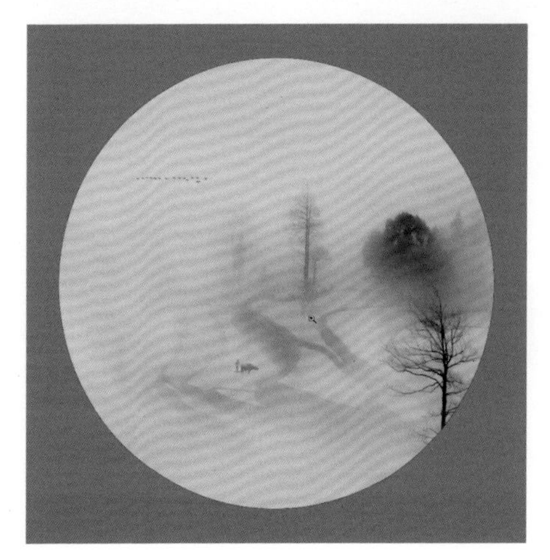

图 15-2

处理后的效果如图 15-2 所示，画面显得很协调，不再是全冷的色调，而是有很微弱的冷暖调的感觉，整个画面呈现出一种很软的柔调，这样的效果在摄影中也被称为软调。

调整整体影调

前面已经对照片进行过分析了，接下来介绍一下制作的方法。首先用 ACR 进行处理，单击“自动”按钮，在此基础上调整参数，降低“清晰度”和“去除薄雾”的值，如图 15-3 所示。

图 15-3

如果觉得画面下方区域有点太亮，可以新建画笔蒙版，先对太亮的区域进行涂抹，然后再降低“曝光”和“高光”的值，还可以稍微降低“色温”和“色调”的值，为画面加点蓝色调和绿色调，让色调整体更加统一，如图 15-4 所示。

图 15-4

此时，无论是影调还是色调都已融合，然后切换到“基本”面板，提高“对比度”和“曝光”的值后，就可以单击“打开”按钮进入 PS 操作界面了，如图 15-5 所示。

图 15-5

去掉多余的树

画面中左边的这棵树有些多余，可以先把这棵树去掉。通过键盘上的“Ctrl+J”组合键复制图层，用套索工具选取这棵树，单击菜单栏中的“编辑”，选择“填充”，如图 15-6 所示，内容选择“内容识别”，单击“确定”，如图 15-7 所示。

图 15-6

填充后效果可能会不太自然，如图 15-8 所示。

图 15-7

图 15-8

使用吸管工具吸取周围相似的颜色作为前景色，使用画笔工具，模式设为“正常”，“不透明度”为 30%，按住鼠标左键在画面中看起来不自然的地方涂抹，如图 15-9 所示。

图 15-9

在图层空白处单击鼠标右键，选择“合并可见图层”，将两个图层合并，如图 15-10 所示。

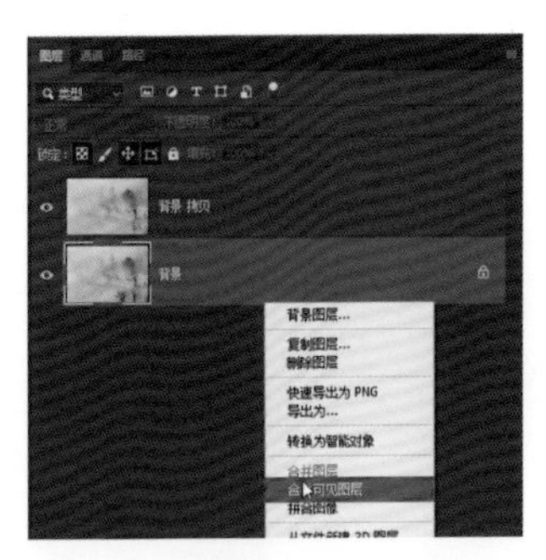

图 15-10

拓展画布

先解锁图层，如图 15-11 所示，用工具栏中的裁剪工具，选择“1:1（方形）”构图，上面多留一些空白，下面扩展得少一点，如图 15-12 所示。

图 15-11

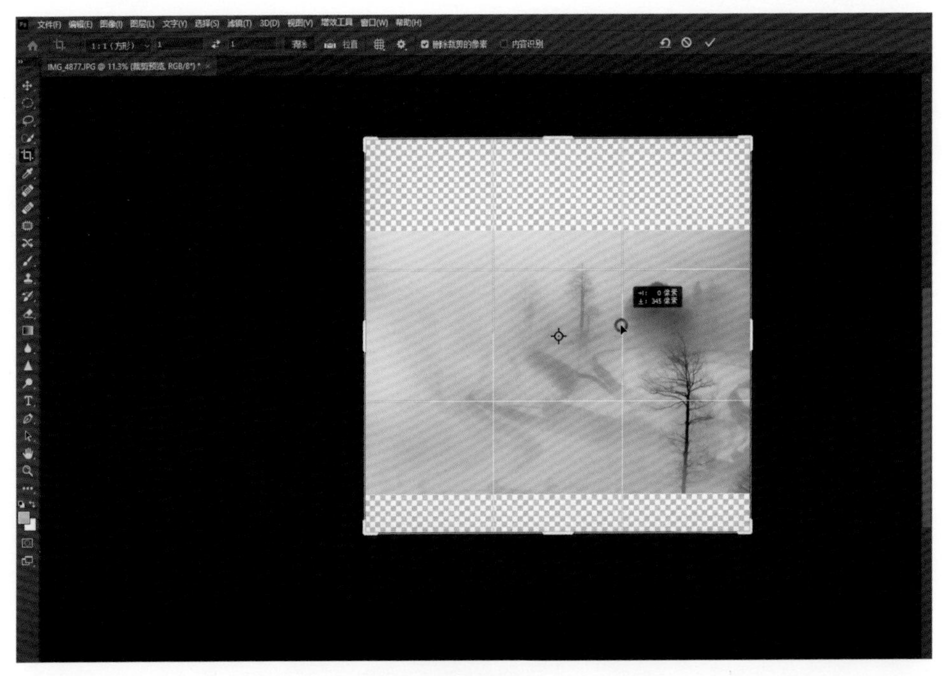

图 15-12

用吸管工具在如图 15-13 所示的边缘位置吸取边缘的色彩，然后单击“创建新的调整图层”按钮，选择“纯色”，创建纯色图层，如图 15-14 所示。

图 15-13

图 15-14

使纯色调整图层位于最下面，如图 15-15 所示。

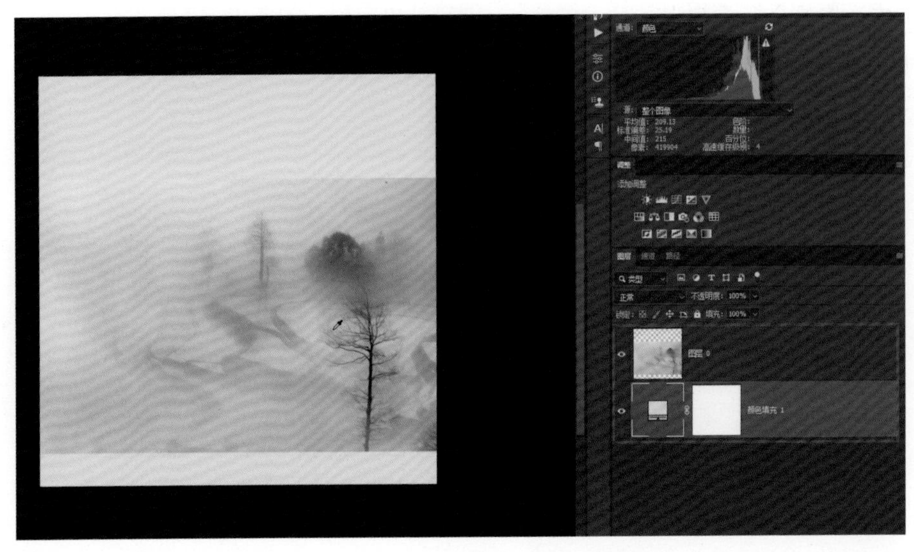

图 15-15

然后为“图层 0”添加蒙版，使用渐变工具，将前景色设为黑色，选择基础里的“前景色到透明渐变”，使用线性渐变，将“不透明度”设为 100%，按住鼠标左键对边缘进行拉伸，这里将“不透明度”设为 100% 是因为我们要消除痕迹，如图 15-16 所示。

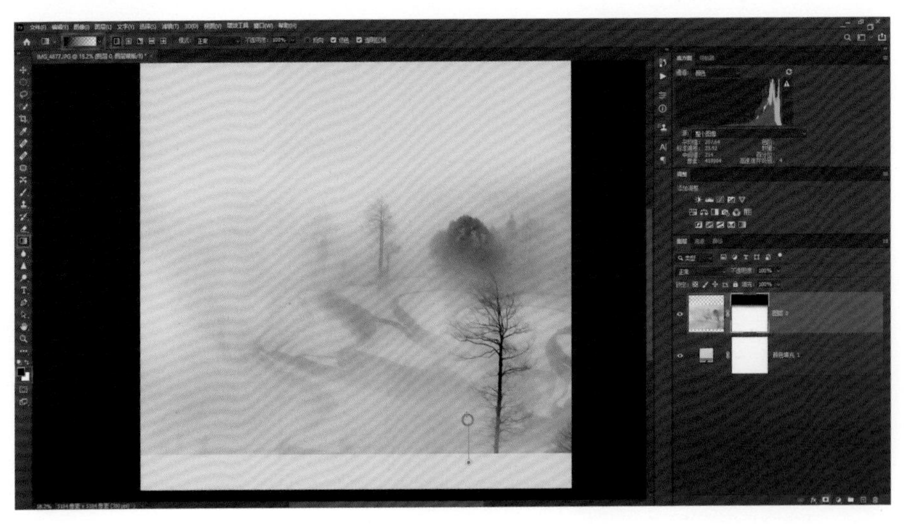

图 15-16

拼合图像，再用吸管工具吸取如图 15-17 所示位置的颜色，用画笔在画面下部涂抹，将混合模式改为变暗，将不透明度设置为 20% ～ 30%，让下部区域能更好地过渡，如图 15-18 所示。

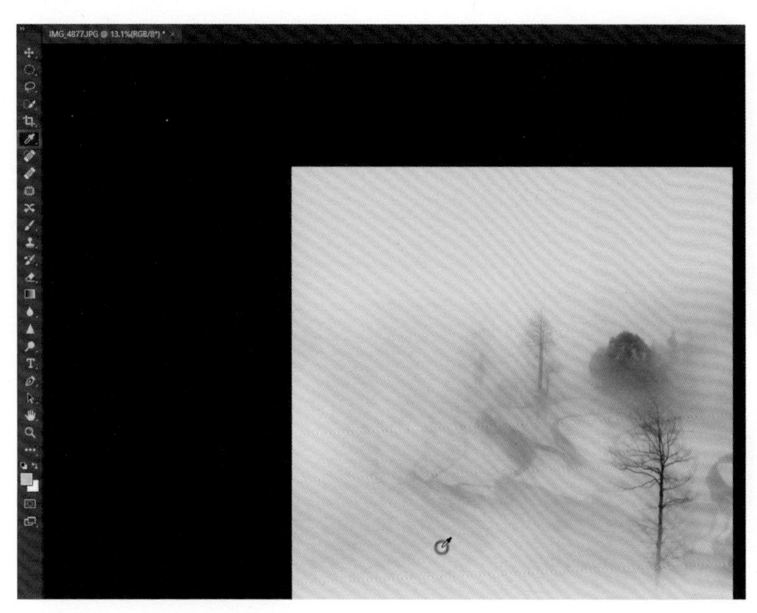

图 15-17

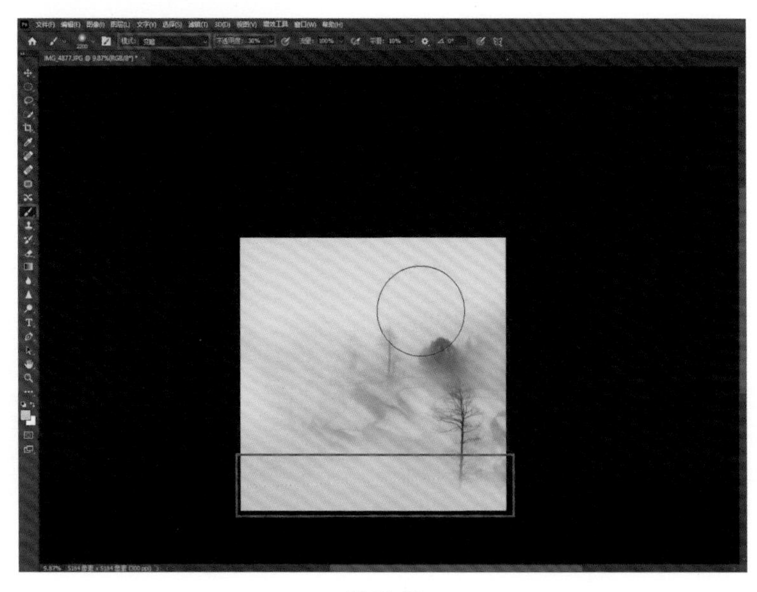

图 15-18

将画面中有点黄的部位用套索工具选取出来，如图 15-19 所示，创建色彩平衡调整图层，为所选区域加点蓝色调和青色调，如图 15-20 所示。

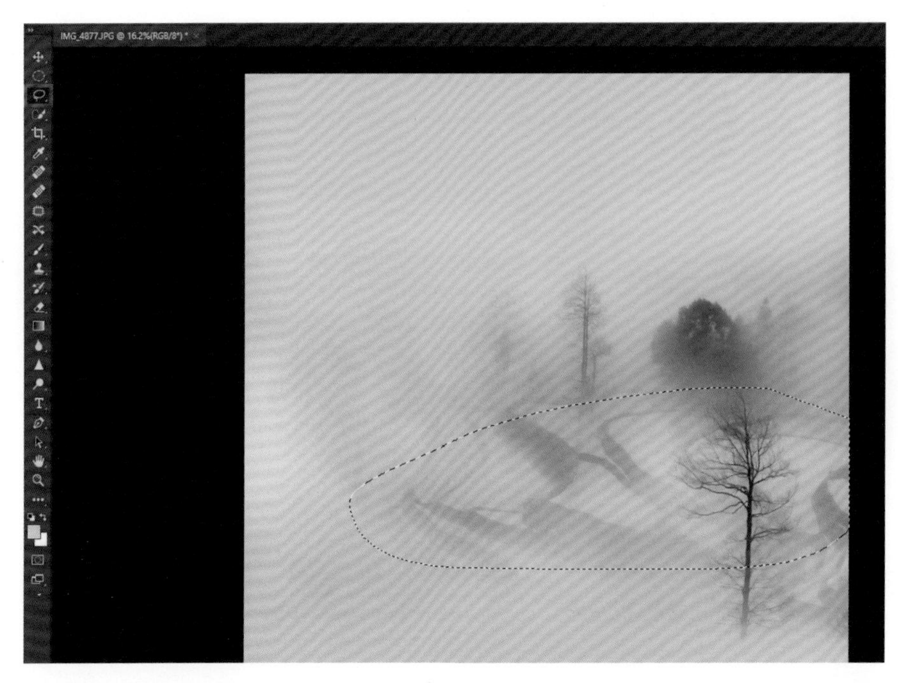

图 15-19

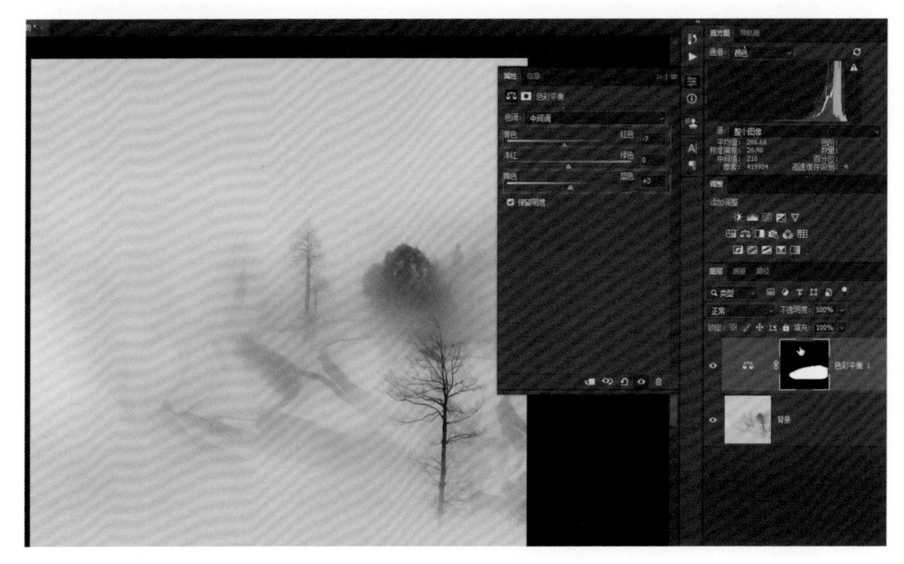

图 15-20

添加飞鸟素材

拖入飞鸟素材，调整使之位于比树稍微高一点的位置，如图 15-21 所示。将图层混合模式改为“正片叠底”，然后对素材层进行高斯模糊处理，如图 15-22 所示。

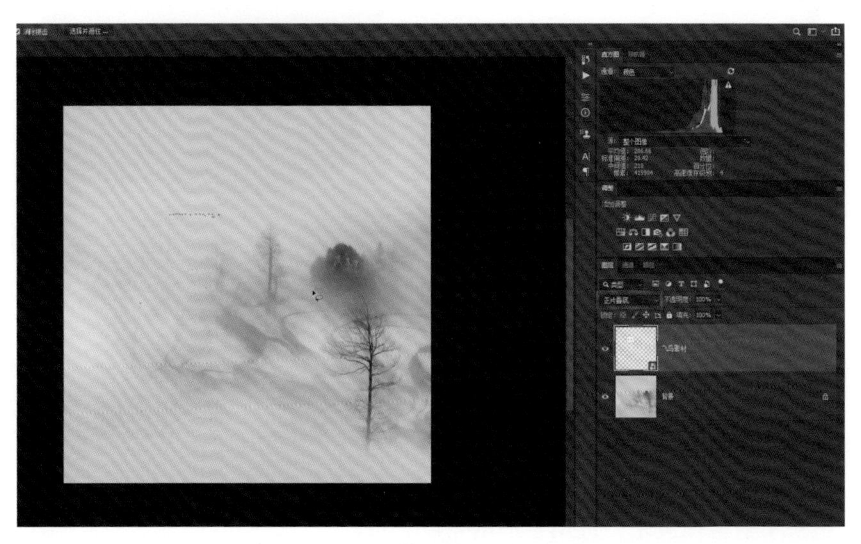

图 15-21

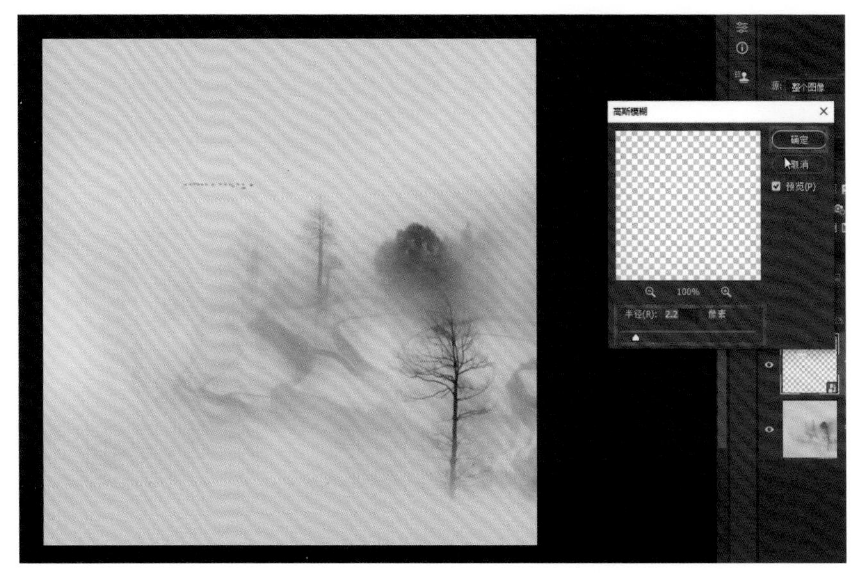

图 15-22

然后降低素材图层的“填充”和“不透明度”的值，如图 15-23 所示。

图 15-23

添加耕牛素材

把耕牛素材拖进来，选用合适的角度和透视关系，跟处理飞鸟素材一样混合模式采用“正片叠底”，并降低“填充”和“不透明度”的值，如图 15-24 所示。素材的位置应尽量让飞鸟不在一条线上，这也是添加素材时需要注意的地方。

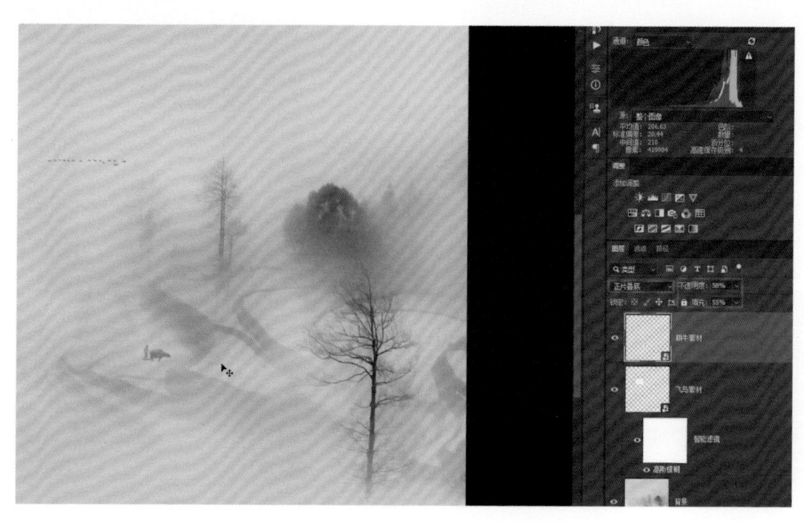

图 15-24

拼合图像，然后创建曲线调整图层，用鼠标拖动曲线上的控制点来向下拉动曲线，对整体影调再次进行调整，如图 15-25 所示。

图 15-25

添加边框

再次拼合图像，选择椭圆选择工具，按住键盘上的“Shift”键的同时，按住鼠标左键并拖动能够创建一个正圆选区，然后将该正圆选区放在画面正中心的位置。当你用这个选区工具将选区往正中间移动的时候，会产生一个吸力，使得选区移动到出现如图 15-26 所示的十字就不动了。

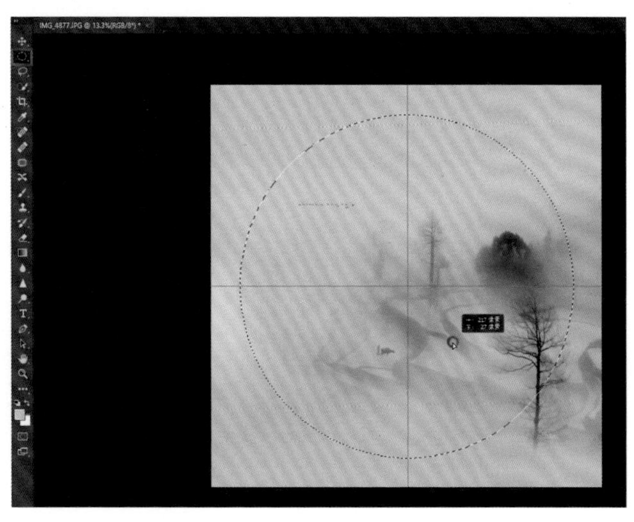

图 15-26

单击菜单栏中的“选择”，选择“反选”，如图 15-27 所示。

然后创建纯色图层，如图 15-28 所示，再选择深一点的颜色，如图 15-29 所示。

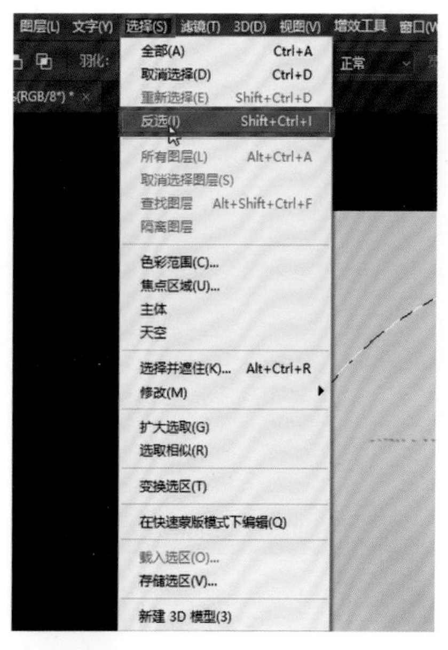

图 15-27

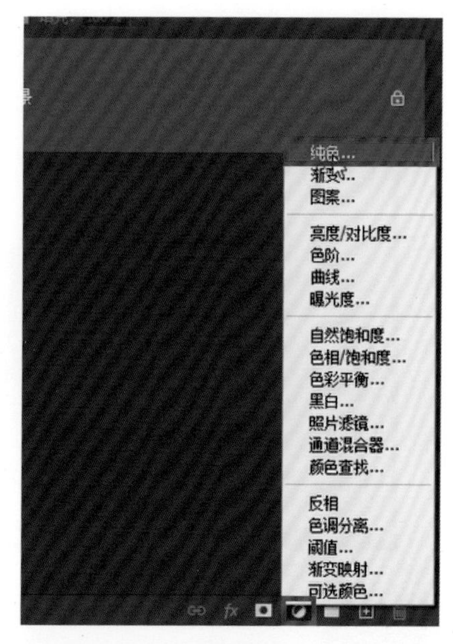

图 15-28

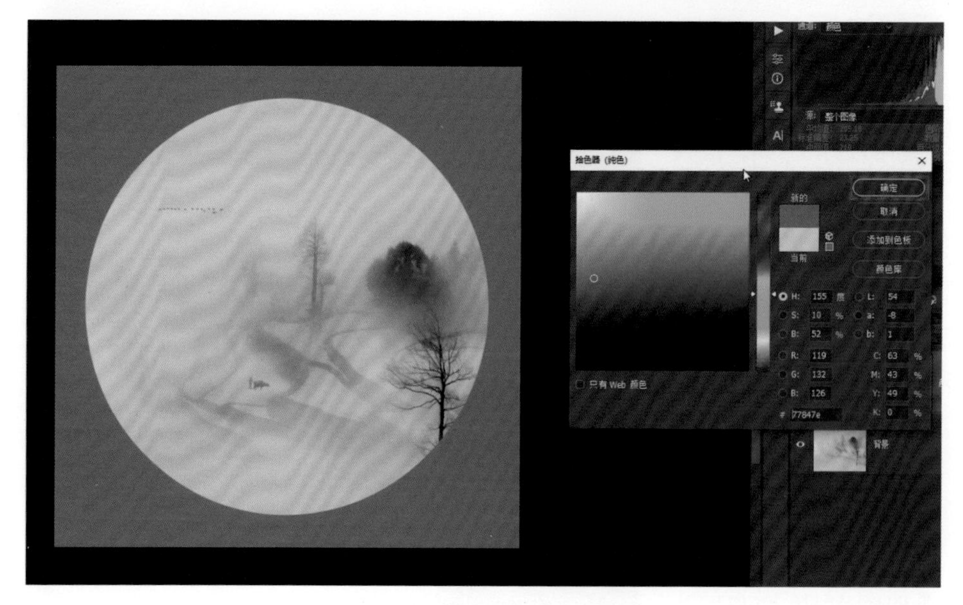

图 15-29

接下来单击“添加图层样式”按钮，选择“描边”，如图 15-30 所示，并在“图层样式”对话框中，将“大小”设置为 2，颜色选择黑色，单击“确定”按钮，如图 15-31 所示。

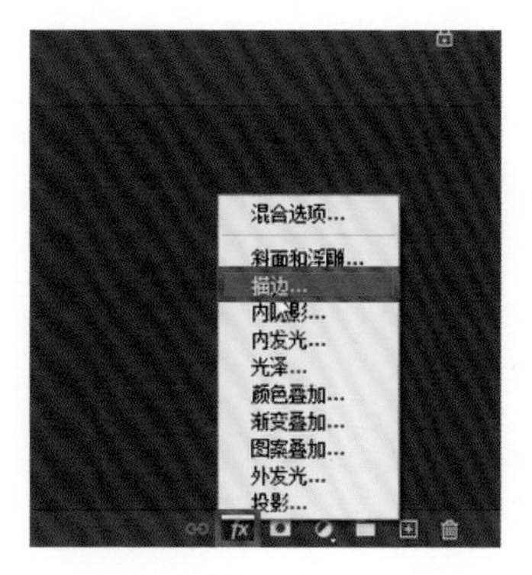

图 15-30

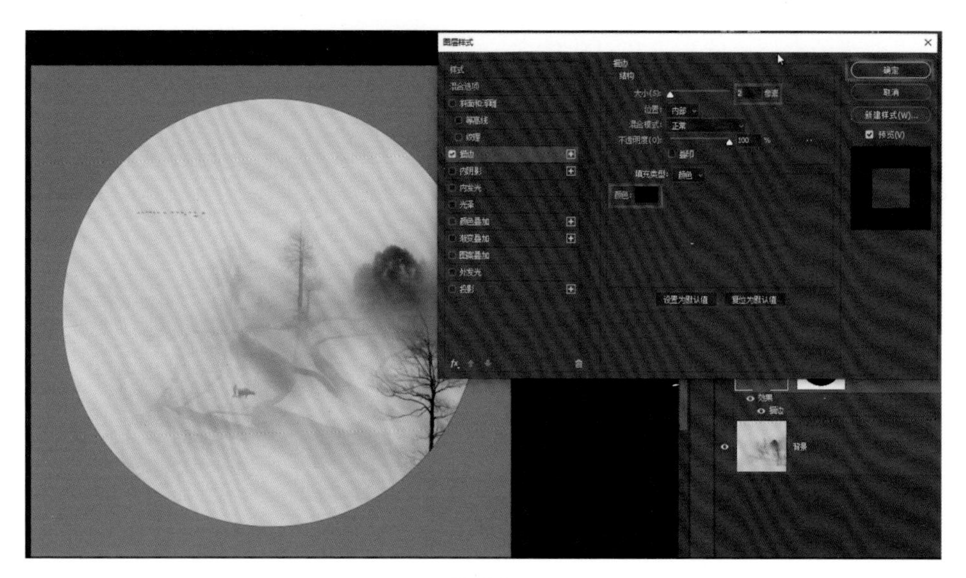

图 15-31

这个边框是非常有用的，它能让整个画面显得更集中，形成一个完整的画面。最后一步用滤镜库里的纹理化，将“缩放”值设得小一点，“凸现”值也设得小一点，可以将光照选项设置为“左上”，单击“确定”按钮，如图 15-32 所示，这张照片的调整进行到这里基本上就完成了。

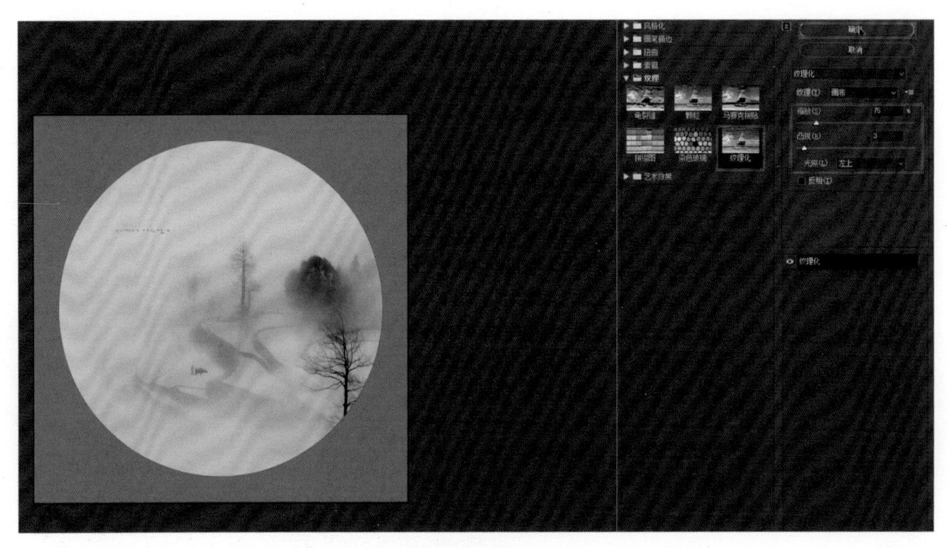

图 15-32

本章的案例可能步骤相对比较多，细节和知识点都非常丰富，希望大家多加练习。